기초 대학 수학

Fundamental of Elementary Mathematics

박영용 · 박윤정 · 이헌수 지음

KM 경문사

기초대학수학

박영용 · 박윤정 · 이헌수

머리말

기초대학수학은 대학생들이 필수적으로 이수해야 할 내용이다. 이 책은 본격적인 이공계열 수준의 미적분학을 이수하기 전 단계의 내용으로 국민공통과정의 핵심 내용과 미적분학의 기본적인 내용까지 만을 한 학기 강의용으로 다루고 있다. 계속되는 고등학교 교육과정의 변화로 점점 더 수학을 배우는 범위와 깊이가 줄어들고 있는 현실을 반영하여 고등학교 과정의 수학의 기초가 완전하지 않은 학생, 인문계열/실업계열 출신의 학생들을 위한 미적분학의 깊이 있는 내용을 이수하기 전 단계의 내용으로 구성하였다. 가능한 복잡하고 굴곡 있는 내용과 문항들은 피하고 좀 더 부담 없이 기본적인 내용과 학습 분량으로 이루어져 있으므로 충실히 교재의 내용을 익힌다면 자신의 분야에서 필요한 수학의 기초적인 역량을 갖추게 될 것이다.

책의 완성을 위해 수고를 아끼지 않은 동료들과 탐탁지 않은 경제성에도 불구하고 학생들을 위해 출판을 결정해 주신 도서출판 경문사 여러분들에게 감사의 뜻을 표한다.

2024년 6월

저자 일동

차 례

제 1 장
식의 계산

1.1 다항식의 연산과 인수분해

1.1.1 다항식의 연산

1. 다항식의 연산

수와 문자들의 곱으로만 이루어진 것을 항이라 하고 유한개의 항들의 합으로 이루어진 식을 **다항식**이라 한다. 항에 포함된 문자의 곱해진 개수를 그 문자의 **항의 차수**라 하고 다항식의 각 항의 차수 중에서 가장 큰 항의 차수를 그 **다항식의 차수**라 한다.

$$x\text{에 관한 } n\text{차 다항식: } a_0 + a_1x + \cdots + a_nx^n,\ (\text{여기서 } a_n \neq 0)$$

한편 수만으로 이루어진 항을 상수항이라 하고, 각 항에서 문자에 곱해진 수를 계수라 한다. 예를 들어 다항식 $3 + 5x + 2x^2$은 상수항은 3, x항(일차항)의 계수는 5, x^2(이차항)의 계수는 2이다.

(1) 다항식의 덧셈과 뺄셈

다항식의 집합은 덧셈과 뺄셈에 대하여 닫혀 있고, 또 수의 덧셈과 같이 세 다항식 A, B, C에 대하여 교환법칙, 결합법칙이 모두 성립한다.

정리 1.1

1. 교환법칙: $A+B=B+A$

2. 결합법칙: $(A+B)+C=A+(B+C)$

한 문자에 관한 다항식의 합이나 차를 계산할 때는, 그 문자에 관한 내림차순(혹은 올림차순)으로 정리한 다음에 같은 차수의 항(동류항)끼리 더하거나 뺀다.

예를 들어 두 다항식 x^2+2+x과 $3x-x^2-3$의 합은

$$\begin{aligned}(x^2+2+x)+(3x-x^2-3) &= (x^2+x+2)+(-x^2+3x-3)\\ &= (1-1)x^2+(1+3)x+(2-3)\\ &= 4x-1\end{aligned}$$

문제 1.1

$A=x^3-3x^2+2x+1$, $B=2x^3+x^2-x$일 때, $A+B, A-B$를 각각 계산하여라.

풀이 1.1

$$\begin{aligned}A+B &= (x^3-3x^2+2x+1)+(2x^3+x^2-x)\\ &= (x^3+2x^3)+(-3x^2+x^2)+(2x-x)+1\\ &= 3x^3-2x^2+x+1\\ A-B &= (x^3-3x^2+2x+1)-(2x^3+x^2-x)\\ &= (x^3-2x^3)+(-3x^2-x^2)+(2x+x)+1\\ &= -x^3-4x^2+3x+1\end{aligned}$$

(2) 다항식의 곱셈

단항식과 단항식의 곱셈은 지수법칙을 이용하여 계산하고, 단항식과 다항식, 다항식과 다항식의 각각의 곱셈은 분배법칙을 이용해서 단항식과 단항식의 곱셈으로 바꿔 계산한다. 그리고 세 다항식에 대하여 교환법칙, 결합법칙, 분배법칙이 모두 성립한다.

정리 1.2

지수법칙 : $a^m a^n = a^{m+n}, (a^m)^n = a^{mn}$

$$(ab)^n = a^n b^n,\ \frac{a^m}{a^n} = \begin{cases} a^{m-n} & (m \geq n) \\ \dfrac{1}{a^{n-m}} & (m < n) \end{cases},\ (m, n\text{은 자연수})$$

교환법칙: $AB = BA$

결합법칙: $(AB)C = A(BC)$

분배법칙: $A(B+C) = AB + AC, (A+B)C = AC + BC$

다항식의 곱에서 괄호를 풀어 단항식들의 합으로 나타내는 것을 다항식을 전개한다고 한다. 다항식을 전개할 때 많이 이용되는 공식은 다음과 같다. 이 공식들은 분배법칙과 지수법칙을 이용하여 얻을 수 있다.

정리 1.3

곱셈공식

1. $(a \pm b)^2 = a^2 \pm 2ab + b^2$
2. $(a+b)(a-b) = a^2 - b^2$
3. $(x+a)(x+b) = x^2 + (a+b)x + ab$
4. $(ax+b)(cx+d) = acx^2 + (ad+bc)x + bd$
5. $(a \pm b)^3 = a^3 \pm 3a^2b + 3ab^2 \pm b^3$
6. $(a \pm b)(a^2 \mp ab + b^2) = a^3 \pm b^3$

7. $(a+b+c)^2 = a^2+b^2+c^2+2ab+2bc+2ca$

8. $(a^2+ab+b^2)(a^2-ab+b^2) = a^4+a^2b^2+b^4$

9. $(a+b+c)(a^2+b^2+c^2-ab-bc-ca) = a^3+b^3+c^3-3abc$

문제 1.2

다음 식을 전개하여라.

1. $(3x+2)^2$
2. $(x+2)(x-5)$
3. $(x+3)(x^2-3x+9)$
4. $(3x+2)(x^2-2x+5)$

풀이 1.2

1. $(3x+2)^2 = (3x)^2 + 2\times 3x \times 2 + 2^2 = 9x^2+12x+4$

2. $(x+2)(x-5) = x^2 + (2-5)x + 2\times(-5) = x^2-3x-10$

3. $(x+3)\left(x^2-3x+9\right) = x^3+3^3 = x^3+27$

4. $$\begin{aligned}(3x+2)(x^2-2x+5) &= 3x(x^2-2x+5)+2(x^2-2x+5)\\ &= (3x^3-6x^2+15x)+(2x^2-4x+10)\\ &= 3x^3-4x^2+11x+10\end{aligned}$$

(3) 다항식의 나눗셈

다항식 A를 다항식 $B(B\neq 0)$로 나누었을 때의 몫을 Q, 나머지를 R라 하면 $A=BQ+R$ 이다. 이때, R의 차수는 B의 차수보다 낮다. 특히, $R=0$일 때, A는 B로 나누어떨어진다고 한다.

문제 1.3

$A = 2x^2 + 7x + 8, B = x + 2$일 때, $A \div B$을 계산하여라.

풀이 1.3

$$
\begin{array}{r}
2x + 3 \\
x+2 \overline{) 2x^2 + 7x + 8} \\
2x^2 + 4x \\
\hline
3x + 8 \\
3x + 6 \\
\hline
2
\end{array}
$$

따라서 $2x^2 + 7x + 8 = (x+2)(2x+3) + 2$이다.

x에 대한 다항식 $f(x)$를 일차식 $x - \alpha$로 나눌 때 몫을 $Q(x)$, 나머지를 R이라고 하면

$$f(x) = (x - \alpha)Q(x) + R$$

이 성립한다. 이 등식에 $x = \alpha$를 대입하면

$$f(\alpha) = 0 \times Q(x) + R = R$$

이다. 이러한 성질을 **나머지정리**라고 한다.

정리 1.4

나머지정리

다항식 $f(x)$를 일차식 $x - \alpha$로 나누었을 때의 나머지를 R은 다음과 같다.

$$R = f(\alpha)$$

일반적으로 다항식 $f(x)$를 일차식 $x-\alpha$로 나눌 때 나머지가 0이면 $f(x)$는 $x-\alpha$로 나누어떨어지고, 이것의 역도 성립한다. 이때 $x-\alpha$를 $f(x)$의 인수라 하고 이러한 성질을 **인수정리**라 한다.

정리 1.5

인수정리

다항식 $f(x)$가 일차식 $x-\alpha$로 나누어떨어지기 위한 필요충분조건은

$$f(\alpha)=0$$

이다.

문제 1.4

다항식 $f(x)=x^3-2ax^2+ax+1$이 $x-1$로 나누어떨어지도록 상수 a의 값을 구하여라.

풀이 1.4

$f(x)$가 $x-1$로 나누어떨어지므로 나머지가 0이어야 한다. 그러므로 $f(1)=0$

$$1^3-2a\times 1^2+a\times 1+1=0$$

이므로 $-a+2=0$이다. 따라서 $a=2$이다.

문제 1.5

x의 다항식 x^3+ax^2+bx+2가 이차식 x^2-3x+2로 나누어떨어질 때, 다음 물음에 답하여라.

(1) 상수 a,b의 값을 구하여라.

(2) 이 삼차식을 $x+1$로 나눌 때, 그 나머지를 구하여라.

풀이 1.5

(1) $f(x) = x^3 + ax^2 + bx + 2$라 하자.
$f(x)$는 $x-1$과 $x-2$로 동시에 나누어떨어지므로

$$f(1) = 1 + a + b + 2 = 0, \qquad f(2) = 8 + 4a + 2b + 2 = 0\text{이다.}$$

이 두 식을 연립하여 풀면 $a = -2$, $b = -1$이다.

(2) $f(x) = x^3 - 2x^2 - x + 2$이므로 $f(x)$를 $x+1$로 나눈 나머지는

$$f(-1) = (-1)^3 - 2 \times (-1)^2 - (-1) + 2 = 0$$

따라서 나머지는 0이다.

연습문제

1. 다항식 A, B, C, D가

$$A = 4x^2y + 7y^3 + x^3 \qquad B = 2x^3 - y^3 + 5xy^2$$

$$C = -xy^2 - 2x^2y - x^3 + y^3 \qquad D = -2x^3 + 2x^2y - 4xy^2$$

일 때, 다음 각 식을 계산하여라.

(a) $A + B + C + D$　　(b) $A - B + 2C - 3D$

2. 다음 각 식을 전개하여라.

(a) $(2x - 3)(4x + 5)$　　(b) $(x^2 - 3)(2x^2 - 5x + 4)$

(c) $(x + 1)(x - 2)(x + 3)$　　(d) $(x + 2y - 3z - 4w)(x - 2y - 3z + 4w)$

(e) $(a - 2b - c)^2$　　(f) $(2x - 3y)^3$

(g) $(x - 2y + 1)(x - 2y - 1)$　　(h) $(2a - b)(4a^2 + 2ab + b^2)$

3. x의 다항식 $6x^4 - x^3 - 16x^2 + 5x$를 다항식 P로 나누었더니 몫이 $3x^2 - 2x - 4$이고, 나머지가 $5x - 8$이었다. 다항식 P를 구하여라.

4. $2x^3 + ax^2 + bx + 4$는 $x - 1$로 나누어떨어지고 $x - 2$로 나누면 나머지가 16이다. 상수 a, b의 값을 구하여라.

5. 다항식 $f(x)$를 $x + 1$로 나눈 나머지가 8이고, $x^2 - x + 3$으로 나눈 나머지가 $3x + 1$이라 한다. 이때 $f(x)$를 $(x + 1)(x^2 - x + 3)$으로 나눈 나머지를 구하여라.

1.1.2 인수분해

다항식의 전개와는 역으로 한 다항식을 두 개 이상의 다항식의 곱으로 나타내는 것을 **'인수분해' 한다고** 하고, 곱을 이루는 각 다항식을 **인수**라 한다. 이를테면, 다항식 $(x+1)(x+3)$은 곱셈공식에 의해 $(x+1)(x+3) = x^2+4x+3$으로 표현할 수 있으므로 $x+1$과 $x+3$는 x^2+4x+3의 인수이다.

$$(x+1)(x+3) \rightleftarrows x^2+4x+3$$

(←은 인수분해, →은 전개)

한편, 위의 도식을 통하여 다항식 곱셈의 전개 반대 과정이 인수분해임을 확인할 수 있다.

인수분해를 하는 방법은 여러 가지가 있지만 가장 먼저 시행해야 할 원칙은 공통인수를 찾아 공통인수로 묶는 것이다. 이를테면, $a(x-y)+b(x-y)$를 인수분해 하는 방법은 먼저 각 항의 공통인수인 $(x-y)$로 식을 묶는다. 따라서 $a(x-y)+b(x-y) = (a+b)(x-y)$로 인수분해 한다.

특정 형태의 다항식은 곱셈공식의 역으로 인수분해 공식을 이용하면 편리하다.

정리 1.6

인수분해 공식

1. $a^2+2ab+b^2 = (a+b)^2$, $a^2-2ab+b^2 = (a-b)^2$
2. $a^2-b^2 = (a+b)(a-b)$
3. $x^2+(a+b)x+ab = (x+a)(x+b)$
4. $acx^2+(ad+bc)x+bd = (ax+b)(cx+d)$
5. $a^2+b^2+c^2+2ab+2bc+2ca = (a+b+c)^2$
6. $a^3+3a^2b+3ab^2+b^3 = (a+b)^3$, $a^3-3a^2b+3ab^2-b^3 = (a-b)^3$

7. $a^3 + b^3 = (a+b)(a^2 - ab + b^2)$, $a^3 - b^3 = (a-b)(a^2 + ab + b^2)$

문제 1.6

다음 식을 인수분해하여라.

1. $a^2 + ab - ac - bc$
2. $x^2 - 4x + 4$
3. $4x^2 - 9y^2$
4. $x^2 + 7x + 12$

풀이 1.6

1. $a^2 + ab - ac - bc = a(a+b) - c(a+b) = (a-c)(a+b)$
2. $x^2 - 4x + 4 = x^2 - 2 \times x \times 2 + 2^2 = (x-2)^2$
3. $4x^2 - 9y^2 = (2x)^2 - (3y)^2 = (2x-3y)(2x+3y)$
4. $x^2 + 7x + 12 = x^2 + (3+4)x + 3 \times 4 = (x+3)(x+4)$

문제 1.7

다음 식을 인수분해하여라.

1. $x^2 + 6x - 16$
2. $4x^2 + 13x + 3$
3. $6x^2 - 5x - 6$
4. $4x^2 - 7xy + 3y^2$

풀이 1.7

1. $x^2 + 6x - 16 = x^2 + (8-2)x + 8 \times (-2) = (x-2)(x+8)$

2. $4x^2 + 13x + 3 = (1 \times 4)x^2 + (1 \times 1 + 4 \times 3)x + 3 \times 1 = (x+3)(4x+1)$

3. $6x^2 - 5x - 6 = (2 \times 3)x^2 + (2 \times 2 + 3 \times (-3))x + (-3) \times 2 = (2x-3)(3x+2)$

4. $$\begin{aligned} 4x^2 - 7xy + 3y^2 &= (1 \times 4)x^2 + x \times (-3y) + 4x \times (-y) + (-y) \times (-3y) \\ &= (x-y)(4x-3y) \end{aligned}$$

연습문제

1. 다음 각 식을 인수분해 하여라.

   (a) $x^2 + 8x + 16$

   (b) $x^2 - 4x + 4$

   (c) $9x^2 + 24xy + 16y^2$

   (d) $(a+b)^2 + 2(a+b) + 1$

2. 다음 각 식을 인수분해 하여라.

   (a) $x^3 + 2x^2 + 3x + 6$

   (b) $x^3 - 7x + 6$

   (c) $x^4 + 4x^3 - 4x^2 - 16x + 15$

   (d) $x^4 - 8x^2 + 4$

3. 다항식 $x^2 - xy - 2y^2 + x + 7y - 6$이 $(x + ay + 3)(x + by + c)$로 인수분해될 때, 상수 a, b, c에 대하여 $2b - a + c$의 값을 구하시오.

4. 다항식 $(x+2)(x+4)(x+6)(x+8)+k$가 x에 대한 이차식 $f(x)$의 제곱으로 인수분해될 때, 상수 k의 값과 $f(1)$의 값의 합을 구하시오.

1.2 유리식과 무리식

1.2.1 유리식과 무리식

1. 유리식

두 다항식 $A, B(B \neq 0)$에 대하여 $\dfrac{A}{B}$꼴로 주어진 식을 <u>**유리식**</u>이라 한다. 특히, 분모에 상수가 아닌 문자를 포함하는 유리식을 분수식이라고 한다.

유리식의 연산에 관한 성질은 실수의 연산에 관한 성질과 같다. 다항식 A, B, C, D에 대하여 다음 성질들이 성립한다.

정리 1.7

유리식의 성질

다항식 $A, B, C, D(B \neq 0, C \neq 0, D \neq 0)$에 대하여

$$\frac{A}{B} = \frac{A \times C}{B \times C} \qquad \frac{A}{B} = \frac{A \div C}{B \div C}$$
$$\frac{A}{C} + \frac{B}{C} = \frac{A + B}{C} \qquad \frac{A}{C} - \frac{B}{C} = \frac{A - B}{C}$$
$$\frac{A}{B} \times \frac{C}{D} = \frac{AC}{BD} \qquad \frac{A}{B} \div \frac{C}{D} = \frac{A}{B} \times \frac{D}{C} = \frac{AD}{BC}$$

문제 1.8

다음 유리식을 간단히 하여라.

1. $\dfrac{x^2 - x - 6}{x^2 - 7x + 12}$
2. $\dfrac{3}{x-1} + \dfrac{x}{x+2}$
3. $\dfrac{x}{x+2} \div \dfrac{x(x+3)}{x-4}$

풀이 1.8

1. $\dfrac{x^2-x-6}{x^2-7x+12}=\dfrac{(x-3)(x+2)}{(x-3)(x-4)}=\dfrac{x+2}{x-4}$

2. $$\begin{aligned}\frac{3}{x-1}+\frac{x}{x+2}&=\frac{3(x+2)}{(x-1)(x+2)}+\frac{x(x-1)}{(x-1)(x+2)}\\&=\frac{3x+6+x^2-x}{(x-1)(x+2)}=\frac{x^2+2x+6}{(x-1)(x+2)}\end{aligned}$$

3. $\dfrac{x}{x+2}\div\dfrac{x(x+3)}{x-4}=\dfrac{x}{x+2}\times\dfrac{x-4}{x(x+3)}=\dfrac{x-4}{(x+2)(x+3)}$

2. 무리식

근호 안에 문자를 포함한 식을 그 문자에 관한 **무리식**이라고 한다. 무리식의 값이 실수가 되게 하려면 근호 안의 식은 음이 아니어야 한다. 예를 들어 $\sqrt{x}-\sqrt{3-x}$는 $0\le x\le 3$ 범위에서만 무리식이 의미를 갖는다.

정의 1.1 제곱근

제곱해서 $a(a\ge 0)$가 되는 식을 a의 **제곱근**이라 한다. a가 양수일 때, a의 제곱근 중 양인 것을 $\sqrt{a}$, 음인 것을 $-\sqrt{a}$로 나타낸다.

제곱근의 정의를 이용하여 $\sqrt{a^2}$을 계산하면 임의의 실수 a에 대하여 다음을 알 수 있다.

$$\sqrt{a^2}=|a|=\begin{cases}a & (a\ge 0 \text{ 일 때})\\ -a & (a<0 \text{ 일 때})\end{cases}$$

문제 1.9

$0<x<2$일 때, $\sqrt{(x-2)^2}+\sqrt{x^2}$을 간단히 하여라.

풀이 1.9

$0 < x < 2$일 때, $x-2<0$이므로

$$\sqrt{(x-2)^2} = -(x-2) = -x+2, \sqrt{x^2} = x$$

이다. 따라서 $\sqrt{(x-2)^2}+\sqrt{x^2} = (-x+2)+x = 2$이다.

제곱근은 다음 성질이 성립한다.

정리 1.8

제곱근의 성질

$a>0, b>0$일 때

$$\sqrt{a}\sqrt{b} = \sqrt{ab} \qquad \frac{\sqrt{b}}{\sqrt{a}} = \sqrt{\frac{b}{a}}$$

근호를 포함한 식의 분모에 근호가 포함하지 않게 변형하는 것을 분모를 유리화한다고 한다. $b>0, c>0$ 일 때,

$$\frac{a}{\sqrt{b}} = \frac{a\sqrt{b}}{\sqrt{b}\sqrt{b}} = \frac{a\sqrt{b}}{b}$$

$$\frac{a}{\sqrt{b}+\sqrt{c}} = \frac{a(\sqrt{b}-\sqrt{c})}{(\sqrt{b}+\sqrt{c})(\sqrt{b}-\sqrt{c})} = \frac{a(\sqrt{b}-\sqrt{c})}{b-c}$$

$$\frac{a}{\sqrt{b}-\sqrt{c}} = \frac{a(\sqrt{b}+\sqrt{c})}{(\sqrt{b}-\sqrt{c})(\sqrt{b}+\sqrt{c})} = \frac{a(\sqrt{b}+\sqrt{c})}{b-c}$$

문제 1.10

분수식 $\dfrac{1}{\sqrt{x+2}-\sqrt{x}}$ $(x>0)$의 분모를 유리화하여라.

풀이 1.10

$$\begin{aligned}\frac{1}{\sqrt{x+2}-\sqrt{x}} &= \frac{(\sqrt{x+2}+\sqrt{x})}{(\sqrt{x+2}-\sqrt{x})(\sqrt{x+2}+\sqrt{x})} \\ &= \frac{(\sqrt{x+2}+\sqrt{x})}{(x+2)-x} \\ &= \frac{1}{2}(\sqrt{x+2}+\sqrt{x})\end{aligned}$$

근호 안에 근호가 들어 있는 식 $\sqrt{a+b\sqrt{c}}$ 의 꼴을 이중근호를 포함하는 식이라 한다. 이중근호를 포함한 식 중에서 밖의 근호를 없애고 나타낼 수 있다.

$a \geq b \geq 0$일 때,

$$\sqrt{a+b+2\sqrt{ab}} = \sqrt{(\sqrt{a}+\sqrt{b})^2} = \sqrt{a}+\sqrt{b}$$
$$\sqrt{a+b-2\sqrt{ab}} = \sqrt{(\sqrt{a}-\sqrt{b})^2} = \sqrt{a}-\sqrt{b}$$

문제 1.11

다음을 간단히 하여라.

1. $\sqrt{3+\sqrt{5}}$
2. $\sqrt{5-2\sqrt{6}}$

풀이 1.11

1. $\sqrt{3+\sqrt{5}} = \sqrt{\dfrac{6+2\sqrt{5}}{2}} = \dfrac{\sqrt{5}+1}{\sqrt{2}} = \dfrac{\sqrt{10}+\sqrt{2}}{2}$

2. $\sqrt{5-2\sqrt{6}} = \sqrt{(3+2)-2\sqrt{3\times 2}} = \sqrt{3}-\sqrt{2}$

연습문제

1. 다음 각 식을 간단히 하여라.

   (a) $\dfrac{3}{x+6}+\dfrac{2}{x+1}$

   (b) $\dfrac{2x+1}{x^2+x+1}+\dfrac{4}{x-1}$

   (c) $\dfrac{3(x+1)}{x^2+4x+4}+\dfrac{2(x-1)}{x^2-4}$

   (d) $\dfrac{x^2+3x}{x^3+2x^2}\times\dfrac{x^2+4x+4}{4x}$

   (e) $\dfrac{x^2+2x-15}{x^2+4x-5}\times\dfrac{x^2+3x-4}{x^2-4x+3}$

   (f) $\dfrac{x+2}{x}-\dfrac{x+3}{x+1}-\dfrac{x-5}{x-3}+\dfrac{x-6}{x-4}$

2. 다음 각 식을 간단히 하여라.

   (a) $\dfrac{3\sqrt{2}-2\sqrt{3}}{3\sqrt{2}+2\sqrt{3}}$

   (b) $\dfrac{4}{1-\sqrt{2}+\sqrt{3}}$

3. 다음 각 식의 이중근호를 풀어라.

   (a) $\sqrt{10+2\sqrt{21}}$

   (b) $\sqrt{7+4\sqrt{3}}$

   (c) $\sqrt{5-\sqrt{24}}$

   (d) $\sqrt{4-\sqrt{15}}$

1.3 방정식

1.3.1 이차방정식

1. 방정식의 풀이

방정식 $ax = b$의 해는

(a) $a \neq 0 \Rightarrow x = -\frac{b}{a}$

(b) $a = 0 \Rightarrow \begin{cases} b \neq 0 \Rightarrow \underline{\textbf{해가 없다}} \\ b = 0 \Rightarrow \underline{\textbf{해가 무수히 많다}} \end{cases}$

이다.

2. 이차방정식

a, b, c가 상수이고 $a \neq 0$일 때

$$ax^2 + bx + c = 0$$

꼴의 식을 **이차방정식**이라고 한다. 이차방정식은 실수 범위에서는 해가 존재할 수도 있고 존재하지 않을 수도 있다. 하지만 복소수 범위에서는 해가 반드시 존재한다.

이차방정식의 해를 구하는 가장 편리한 방법은 인수분해를 이용하는 것이다.

$$(ax - b)(cx - d) = 0 \Rightarrow x = \frac{b}{a} \text{ 또는 } x = \frac{d}{c}$$

예를 들어 $(x-3)(x+2) = 0$에서 $x - 3 = 0$ 또는 $x + 2 = 0$ 이므로
$x = 3$ 또는 $x = -2$이다.

문제 1.12

다음 이차방정식의 해를 구하여라.

1. $x^2 + x - 6 = 0$
2. $2x^2 + 7x - 4 = 0$

풀이 1.12

1. $x^2+x-6=0$을 인수분해하면 $(x-2)(x+3)=0$이므로 $x-2=0$, $x+3=0$이다. 따라서 $x=2$ 또는 $x=-3$이다.

2. $2x^2+7x-4=0$을 인수분해 하면 $(2x-1)(x+4)=0$이므로 $2x-1=0$, $x+4=0$이다. 따라서 $x=\frac{1}{2}$ 또는 $x=-4$이다.

인수분해가 되지 않거나 복잡한 이차방정식의 해는 근의 공식을 이용하여 구할 수 있다. 근의 공식은 다음과 같은 방법으로 유도할 수 있다.

$$\begin{aligned} ax^2+bx+c=0 &\Rightarrow (x+\frac{b}{2a})^2-\frac{b^2}{4a^2}+\frac{c}{a}=0 \\ &\Rightarrow (x+\frac{b}{2a})^2=\frac{b^2-4ac}{4a^2} \\ &\Rightarrow x+\frac{b}{2a}=\pm\sqrt{\frac{b^2-4ac}{4a^2}} \\ &\Rightarrow x=\frac{-b\pm\sqrt{b^2-4ac}}{2a} \\ &\therefore x=\frac{-b\pm\sqrt{b^2-4ac}}{2a} \end{aligned}$$

정리 1.9

이차방정식의 근의 공식

a, b, c가 상수이고 $a\neq 0$일 때 $ax^2+bx+c=0$의 근은

$$x=\frac{-b\pm\sqrt{b^2-4ac}}{2a}$$

이다

문제 1.13

근의 공식을 이용하여 다음 이차방정식의 해를 구하여라.

1. $3x^2 + 5x - 1 = 0$
2. $x^2 + x - 3 = 0$
3. $x^2 + 4x - 1 = 0$
4. $4x^2 + 8x - 7 = 0$

풀이 1.13

1. $a = 3, b = 5, c = -1$이므로 근의 공식을 이용하면

$$x = \frac{-5 \pm \sqrt{5^2 - 4 \times 3 \times (-1)}}{2 \times 3} = \frac{-5 \pm \sqrt{37}}{6}$$

2. $a = 1, b = 1, c = -3$이므로 근의 공식을 이용하면

$$x = \frac{-1 \pm \sqrt{1^2 - 4 \times 1 \times (-3)}}{2 \times 1} = \frac{-1 \pm \sqrt{13}}{2}$$

3. $a = 1, b = 4, c = -1$이므로 근의 공식을 이용하면

$$x = \frac{-4 \pm \sqrt{4^2 - 4 \times 1 \times (-1)}}{2 \times 1} = \frac{-4 \pm 2\sqrt{5}}{2} = -2 \pm \sqrt{5}$$

4. $a = 4, b = 8, c = -7$이므로 근의 공식을 이용하면

$$x = \frac{-8 \pm \sqrt{8^2 - 4 \times 4 \times (-7)}}{2 \times 4} = \frac{-8 \pm 4\sqrt{11}}{8} = \frac{-2 \pm \sqrt{11}}{2}$$

이차방정식 $ax^2 + bx + c = 0$의 근이 실근을 갖는지 허근을 갖는지는 근의 공식에서 근호 안에 있는 식 $b^2 - 4ac$의 부호에 따라 판별할 수 있다. 이러한 뜻에서 $b^2 - 4ac$를 이차방정식의 판별식이라 하고 보통 D로 나타낸다. 즉

$$D = b^2 - 4ac$$

이차방정식 $ax^2 + bx + c = 0$에서 근과 판별식 $D = b^2 - 4ac$의 부호 사이에 다음과 같은 관계가 있다.

정리 1.10

근의 판별

$D = b^2 - 4ac > 0$이면 서로 다른 두 개의 실근을,
$D = b^2 - 4ac = 0$이면 한 개의 실근(중근)을,
$D = b^2 - 4ac < 0$이면 서로 다른 두 개의 허근을 갖는다.

문제 1.14

다음 이차방정식의 근을 판별하여라.

1. $4x^2 + 12x + 9 = 0$
2. $3x^2 - 3x + 2 = 0$

풀이 1.14

1. $D = 12^2 - 4 \times 4 \times 9 = 0$이므로 중근을 갖는다.
2. $D = (-3)^2 - 4 \times 3 \times 2 = -15 < 0$이므로 서로 다른 두 허근을 갖는다.

연습문제

1. 다음 이차방정식을 풀어라.

   (a) $x^2 - 3x - 10 = 0$

   (b) $2x^2 - 3x + 1 = 0$

   (c) $2x^2 - 7x + 6 = 0$

   (d) $4x^2 + 13x + 3 = 0$

2. 근의 공식을 이용하여 다음 이차방정식을 풀어라.

   (a) $x^2 - 4x + 1 = 0$

   (b) $x^2 - 3x - 2 = 0$

   (c) $3x^2 + 8x - 3 = 0$

   (d) $3x^2 - 6x + 2 = 0$

3. 다음 x의 이차방정식이 k의 값에 관계없이 중근을 갖도록 상수 a, b의 값을 정하여라.

$$x^2 - 2ax + a^2 + ka - 2k + b = 0$$

4. 이차방정식 $f(x) = 0$의 두 근의 합이 2이고 곱이 3일 때 방정식

$$f(2x + 3) = 0$$

   의 두 근의 합과 곱을 구하여라.

1.3.2 고차방정식과 연립방정식

1. 고차방정식

$f(x)$의 차수가 삼차 이상일 때 방정식 $f(x) = 0$을 x에 대한 **고차방정식**이라 한다. 고차방정식의 해를 구하는 기본 방법은

1. 인수분해 공식을 이용한 풀이
2. 인수정리와 조립제법을 이용한 풀이:

   다항식 $f(x)$에 대하여 $f(\alpha) = 0$이면 $f(x) = (x - \alpha)Q(x)$로 인수분해

3. 치환을 이용한 풀이: 공통부분이 있는 경우는 공통부분을 한 문자로 치환하여 풀고, 공통부분이 없는 경우는 치환할 부분이 생기도록 식을 변형 등의 방법으로 해를 구한다.

문제 1.15

다음 방정식을 풀어라.

1. $x^3 - 4x = 0$
2. $x^3 + 3x^2 - 4x - 12 = 0$
3. $x^4 - 5x^2 + 6 = 0$
4. $\dfrac{2}{(x+3)^2} - \dfrac{7}{(x+3)} + 3 = 0$

풀이 1.15

1. $x^3 - 4x = 0$을 인수분해하면 $x\left(x^2 - 4\right) = 0 \Rightarrow x(x-2)(x+2) = 0$이므로 따라서 주어진 방정식의 해는 $x = 0, 2, -2$이다.

2. $x^3+3x^2-4x-12=0$을 인수분해하면

$$x^2(x+3)-4(x+3)=0$$
$$(x+3)(x+2)(x-2)=0$$

이므로, 따라서 주어진 방정식의 해는 $x=-3,-2,2$이다.

3. $x^4-5x^2+6=0$에서 $X=x^2$이라 하면 $X^2-5X+6=0$이다. 이 식을 인수분해 하면

$$(X-2)(X-3)=0$$

이므로 $X=2$ 또는 $X=3$이다. 즉, $x^2=2, x^2=3$이다. 따라서 주어진 방정식의 해는 $x=\pm\sqrt{2}$ 또는 $x=\pm\sqrt{3}$이다.

4. $\dfrac{2}{(x+3)^2}-\dfrac{7}{(x+3)}+3=0$에서 $X=\dfrac{1}{x+3}$이라 하면 $2X^2-7X+3=0$이다. 이 식을 인수분해하면 $(2X-1)(X-3)=0$이므로 $X=\dfrac{1}{2}$ 또는 $X=3$이다. 즉,

$$\frac{1}{x+3}=\frac{1}{2}\ \ \frac{1}{x+3}=3$$

이다. 따라서 주어진 방정식의 해는 $x=-1$ 또는 $x=-\dfrac{8}{3}$이다.

2. 연립방정식

미지수가 두 개인 연립일차방정식은 한 문자를 소거하여 푼다. 즉,

$$\begin{cases} ax+by=e\cdots\cdots(1) \\ cx+dy=f\cdots\cdots(2) \end{cases}$$ 일 때, $(1)\times c-(2)\times a \Rightarrow (bc-ad)y=(ce-af)$

예를 들면 연립방정식 $\begin{cases} x+2y=7 \cdots\cdots(1) \\ 3x+y=1 \cdots\cdots(2) \end{cases}$ 을 풀면 $(1)-(2)\times 2 \Rightarrow -5x=5$

$\therefore x=-1,\ y=4$

미지수가 3개인 연립일차방정식은 한 문자를 소거하여 미지수가 두 개인 연립방정식으로 변형하여 미지수가 두 개인 연립일차방정식으로 만들어서 푼다.

예를 들면 연립방정식 $\begin{cases} x+y+z=4 & \cdots\cdots(1) \\ 2x+3y-z=14 & \cdots\cdots(2) \\ 3x-2y+z=-1 & \cdots\cdots(3) \end{cases}$ 을 풀면

$(1)+(2) \Rightarrow 3x+4y=18 \cdots\cdots(4)$,
$(2)+(3) \Rightarrow 5x+y=13 \cdots\cdots(5)$,
$(4)-4\times(5) \Rightarrow -17x=-34 \Rightarrow \therefore x=2, y=3, z=-1$

미지수가 2개인 연립방정식에서 차수가 가장 높은 방정식이 이차방정식일 때, 이것을 **연립이차방정식**이라고 한다. 연립이차방정식은 한 문자를 소거하는 방법으로 풀 수 있다.

예를 들면 연립방정식 $\begin{cases} x-y=1 \\ x^2+y^2=13 \end{cases}$ 에서 첫 번째 식은 변형하면 $y=x-1$이므로

두 번째 식에 $y=x-1$을 대입하면 $x^2+(x-1)^2=13$이라는 관계식을 얻는다.

$$2x^2-2x-12=0 \Rightarrow (x-3)(x+2)=0$$

이므로 구하는 해는 $x=3, y=2$ 또는 $x=-2, y=-3$ 이다.

문제 1.16

다음 연립방정식을 풀어라.

1. $\begin{cases} 3x + y = 7 \\ x + 2y = 4 \end{cases}$

2. $\begin{cases} x + y = 7 \\ x^2 + y^2 = 25 \end{cases}$

풀이 1.16

1. $\begin{cases} 3x + y = 7 & \cdots\cdots(1) \\ x + 2y = 4 & \cdots\cdots(2) \end{cases}$ 에서 y를 소거하기 위하여 $(1) \times 2 - (2)$을 하면

$$\begin{array}{rl} 6x + 2y = 14 & \\ -\underline{\big)\quad x + 2y = 4} & \\ 5x = 10 & \quad \therefore x = 2 \end{array}$$

$x = 2$를 (1)에 대입하면 $3 \times 2 + y = 7$이므로 $y = 1$이다. 따라서 주어진 연립방정식의 해는 $x = 2, y = 1$이다.

2. $\begin{cases} x + y = 7 & \cdots\cdots(1) \\ x^2 + y^2 = 25 & \cdots\cdots(2) \end{cases}$ 에서 식 (1)를 변형 $y = 7 - x \cdots\cdots(3)$

(3)을 (2)에 대입하면 $x^2 + (7 - x)^2 = 25 \Rightarrow x^2 - 7x + 12 = 0 \Rightarrow (x-3)(x-4) = 0$ 이므로 $x = 3$ 또는 $x = 4$이다.

이제 $x = 3$을 (3)에 대입하면 $y = 4$, $x = 4$를 (3)에 대입하면 $y = 3$이다.

따라서 주어진 연립방정식의 해는 $\begin{cases} x = 3 \\ y = 4 \end{cases}$ 또는 $\begin{cases} x = 4 \\ y = 3 \end{cases}$ 이다.

연습문제

1. 다음 고차방정식을 풀어라.

   (a) $x^3 - 7x + 6 = 0$

   (b) $2x^3 + 3x^2 - 5x - 6 = 0$

   (c) $x^3 + 2x^2 - 3x - 4 = 0$

   (d) $x^3 - 6x^2 + 11x - 6 = 0$

2. 다음 각 방정식을 풀어라.

   (a) $x^4 - 3x^2 + 2 = 0$

   (b) $x^4 + 5x^3 - 20x - 16 = 0$

   (c) $(x+1)(x+3)(x+5)(x+7) + 15 = 0$

   (d) $x^4 - x^3 - 7x^2 + x + 6 = 0$

3. 다음 연립방정식을 풀어라.

   (a) $\begin{cases} 2x + 3y = 8 \\ 4x - 5y = -6 \end{cases}$ (b) $\begin{cases} 2x - y = 5 \\ 5x + 2y = 8 \end{cases}$

   (c) $\begin{cases} 2x + 2y = 14 \\ x^2 + y^2 = 25 \end{cases}$ (d) $\begin{cases} x + y = 3 \\ x^2 + xy - y^2 = 5 \end{cases}$

4. 계수가 실수인 사차방정식 $x^4 + x^3 + ax^2 - 9x + b = 0$의 두 근이 2, -1일 때, 나머지 두 근 α, β에 대하여 $\alpha^2 + \beta^2$의 값을 구하시오.

5. 두 연립방정식 $\begin{cases} x^2 + y^2 = a \\ x + y = -3 \end{cases}$, $\begin{cases} ay + bx = 1 \\ xy = -4 \end{cases}$ 의 공통인 해가 존재할 때,

   실수 a, b에 대하여 $a + b + x + y$의 값을 구하시오. (단, $a > b$)

1.4 부등식

1.4.1 부등식

수 또는 두 식의 대소 관계를 부등호를 이용하여 나타낸 것을 부등식이라 한다.

부등식의 기본 성질은 실수의 대소 관계에 대한 성질과 같다.

정리 1.11

부등식의 기본 성질

1. $a > b,\ b > c$ 이면 $a > c$
2. $a > b$ 이면 $a + c > b + c,\ a - c > b - c$
3. $a > b,\ c > 0$ 이면 $ac > bc,\ \frac{a}{c} > \frac{b}{c}$
4. $a > b,\ c < 0$ 이면 $ac < bc,\ \frac{a}{c} < \frac{b}{c}$

부등식에서 우변에 있는 항을 좌변으로 이항하여 정리했을 때,

$$(\text{일차식}) < 0, \quad (\text{일차식}) > 0, \quad (\text{일차식}) \leq 0, \quad (\text{일차식}) \geq 0$$

중에서 어느 하나의 꼴로 나타내어지는 부등식을 일차부등식이라고 한다. 부등식의 기분 성질을 이용하면 일차부등식의 해를 쉽게 구할 수 있다.

정리 1.12

일차부등식 $ax > b$의 해

1. $a \neq 0$일 때

   $a > 0$이면 $x > \frac{b}{a}$

   $a < 0$이면 $x < \frac{b}{a}$

2. $a = 0$일 때

$b < 0$이면 해는 모든 실수

$b \geq 0$이면 해는 없다.

문제 1.17

x에 대한 부등식 $a(1-x) > x$를 풀어라.

풀이 1.17

$a(1-x) > x$에서 $(a+1)x < a$이므로,

1. $a > -1$일 때, $x < \dfrac{a}{a+1}$
2. $a < -1$일 때, $x > \dfrac{a}{a+1}$
3. $a = -1$일 때, $0 \cdot x < -1$이므로 해는 없다.

두 개 이상의 부등식을 한 쌍으로 묶어 나타낸 것을 **연립부등식**이라 하며, 일차부등식으로 이루어진 연립부등식을 **연립일차부등식**이라고 한다. 또, 연립부등식에서 각 부등식의 공통인 해를 그 **연립부등식의 해**라고 한다.

문제 1.18

연립부등식 $\begin{cases} x+2<7 & \cdots\cdots ① \\ 2(x+5) \geq 3x+7 & \cdots\cdots ② \end{cases}$ 을 풀어라.

풀이 1.18

1. ①을 풀면 $x < 7 - 2, \quad x < 5$
2. ②를 풀면 $2x + 10 \geq 3x + 7, \quad x \leq 3$

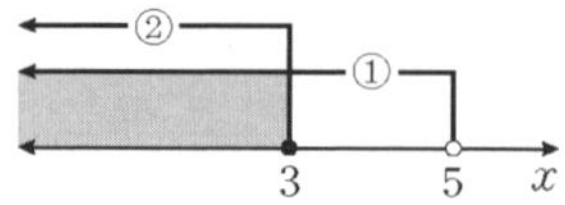

①, ②의 해를 수직선에 나타내면 오른쪽 그림과 같다.

따라서 주어진 연립부등식의 해는 $x \leq 3$이다.

문제 1.19

연립부등식 $3x + 1 < 2x + 4 < 3x + 3$을 풀어라.

풀이 1.19

주어진 부등식을 변형하면 $\begin{cases} 3x + 1 < 2x + 4 & \cdots\cdots ① \\ 2x + 4 < 3x + 3 & \cdots\cdots ② \end{cases}$

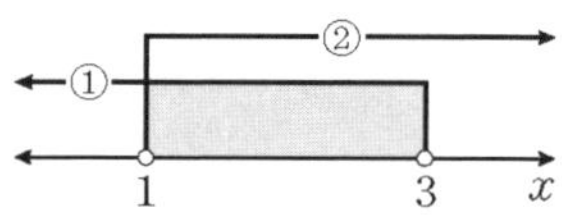

이다. ①을 풀면 $x < 3$, ②를 풀면 $x > 1$ 이므로 ①, ②의 해를 수직선에 나타내면 오른쪽 그림과 같다. 따라서 주어진 연립부등식의 해는 $1 < x < 3$이다.

$a > 0$일 때, 절댓값의 뜻에 따라 다음이 성립한다.

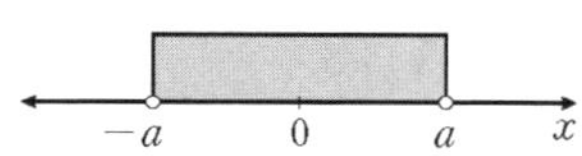

1. $|x| < a$이면 $-a < x < a$

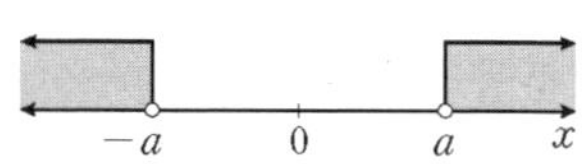

2. $|x| > a$이면 $x < -a$ 또는 $x > a$

이와 같은 성질을 이용하면 절댓값 기호를 포함한 부등식에서 다음 성질이 성립한다.

정리 1.13

절댓값과 부등식

양수 a에 대하여

$$|A| < a \Leftrightarrow -a < A < a$$

$$|A| > a \Leftrightarrow A < -a \text{ 또는 } A > a$$

문제 1.20

다음 부등식을 풀어라.

1. $|x-2| < 5$
2. $|2x-1| \geq 5$
3. $|x+3| + |x-2| \leq 7$

풀이 1.20

1. $|x-2| < 5$이면 $-5 < x-2 < 5$이므로

$$-5 < x-2 \text{ 에서 } x > -3 \cdots\cdots (1)$$

$$x-2 < 5 \text{ 에서 } x < 7 \cdots\cdots (2)$$

(1), (2)의 공통부분은 $-3 < x < 7$ 이다.

따라서 주어진 부등식의 해는 $-3 < x < 7$ 이다.

2. $|2x-1| \geq 5$이면

$$2x-1 \leq -5 \text{ 또는 } 2x-1 \geq 5$$

따라서 주어진 부등식의 해는 $x \leq -2$ 또는 $x \geq 3$이다.

3. $|x+3| + |x-2| \leq 7$에서 x의 범위를 세 가지 경우로 나누어 생각하자.

(a) $x < -3$일 때, $-(x+3) - (x-2) \leq 7$ 이므로 $-2x \leq 8$, $x \geq -4$ 이다.

따라서 $-4 \leq x < -3$이다.

(b) $-3 \leq x < 2$일 때, $(x+3)-(x-2) \leq 7$, $5 \leq 7$ 이므로 항상 성립한다.
따라서 $-3 \leq x < 2$이다.

(c) $x \geq 2$일 때, $(x+3)+(x-2) \leq 7$이므로 $2x \leq 6$, $x \leq 3$ 이다.

따라서 $2 \leq x \leq 3$이다.

따라서 주어진 부등식의 해는 (a), (b), (c)의 합집합인 $-4 \leq x \leq 3$이다.

연습문제

1. x에 관한 다음 각 부등식을 풀어라.

   (a) $3x - 1 > x + 5$

   (b) $-4x + 3 \le -x - 3$

   (c) $ax - 2 > x + 3$

   (d) $ax + 1 \ge x + a$

2. 다음 연립부등식을 풀어라.

   (a) $\begin{cases} -3x + 8 \le 2 \\ 4x + 3 > 3(2 + x) \end{cases}$

   (b) $\begin{cases} x + 5 \ge 2x \\ -2x + 3 \le x - 6 \end{cases}$

   (c) $\begin{cases} \dfrac{x - 2}{3} < 1 \\ 2(x + 2) \le x + 3 \end{cases}$

   (d) $2x - 4 \le x + 1 < 3x - 5$

3. 다음 부등식을 풀어라.

   (a) $|3x + 1| > 5$

   (b) $|x - 1| + |x - 4| \le 6$

4. 부등식 $2|x + 1| - 3|x - 2| \ge 1$을 만족시키는 정수 x의 개수를 구하시오.

1.4.2 이차부등식

미지수 x에 대한 부등식에서 모든 항을 좌변으로 이항하여 정리하였을 때

$$ax^2+bx+c>0, \quad ax^2+bx+c\geq 0, \quad ax^2+bx+c<0, \quad ax^2+bx+c\leq 0$$

등으로 나타내어지는 식을 <u>이차부등식</u>이라 한다.(단, $a\neq 0$)

이차 이상의 부등식은 모든 항을 좌변으로 이항하고 인수분해하여 푼다.

정리 1.14

이차부등식의 해

$ax^2+bx+c=0\ (a>0)$의 두 근을 α, β라 할 때,

1. $\alpha\neq\beta\ (\alpha<\beta)$가 실근일 때,

$$ax^2+bx+c<0 \text{ 이면 해는 } \alpha<x<\beta$$
$$ax^2+bx+c\leq 0 \text{ 이면 해는 } \alpha\leq x\leq\beta$$
$$ax^2+bx+c>0 \text{ 이면 해는 } x<\alpha, x>\beta$$
$$ax^2+bx+c\geq 0 \text{ 이면 해는 } x\leq\alpha, x\geq\beta$$

2. $\alpha\neq\beta$가 허근일 때,

$$ax^2+bx+c>0,\ ax^2+bx+c\geq 0 \text{ 이면 해는 모든 실수}$$
$$ax^2+bx+c<0,\ ax^2+bx+c\leq 0 \text{ 이면 해는 없다.}$$

3. $\alpha = \beta$일 때,

$$ax^2 + bx + c < 0 \text{ 이면 해는 없다.}$$
$$ax^2 + bx + c \leq 0 \text{ 이면 해는 } x = \alpha$$
$$ax^2 + bx + c > 0 \text{ 이면 해는 } x \neq \alpha \text{ 인 모든 실수}$$
$$ax^2 + bx + c \geq 0 \text{ 이면 해는 모든 실수}$$

문제 1.21

다음 부등식을 풀어라.

1. $x^2 - 8x + 7 > 0$
2. $x^2 + 3x \geq 4$
3. $x^2 - 2x + 4 < 0$
4. $x^2 - 3x + 4 > 0$
5. $x^2 - 6x + 9 > 0$

풀이 1.21

1. 이차부등식 $x^2 - 8x + 7 > 0$에서

$$(x-1)(x-7) > 0$$

이므로 구하는 해는 $x < 1$ 또는 $x > 7$이다.

2. $x^2 + 3x \geq 4$에서 4를 좌변으로 이항하고 인수분해 하면

$$x^2 + 3x - 4 \geq 0 \Rightarrow (x+4)(x-1) \geq 0$$

따라서 해는 $x \leq -4$ 또는 $x \geq 1$이다.

3. $x^2 - 2x + 4 = 0$에서 $a = 1 > 0,\ D = (-2)^2 - 4 \times 1 \times 4 = -12 < 0$

$$x^2 - 2x + 4 = (x-1)^2 + 3 > 0$$

으로 모든 실수 x에 대하여 양수이므로 따라서 $x^2 - 2x + 4 < 0$의 해는 없다.

4. $x^2-3x+4=0$에서 $a=1>0,\ D=(-3)^2-4\times1\times4=-7<0$이고

$$x^2-3x+4=\left(x-\frac{3}{2}\right)^2+\frac{7}{4}>0$$

으로 모든 실수 x에 대하여 양수이므로 따라서 $x^2-3x+4>0$의 해는 모든 실수이다.

5. $x^2-6x+9=0$에서 $a=1>0,\ D=(6)^2-4\times1\times9=0$이므로

$$x^2-6x+9=(x-3)^2\geq0$$

으로 $x\neq3$인 모든 실수에 대하여 양수이므로 따라서 $x^2-6x+9>0$의 해는 $x\neq3$인 모든 실수이다.

연습문제

1. x에 관한 다음 각 부등식을 풀어라.

   (a) $x^2 - 3x + 2 < 0$

   (b) $x^2 - 2x - 3 > 0$

   (c) $|x^2 - 6x - 8| < 8$

   (d) $ax^2 + 2ax + 3a > 0$

2. x에 대한 이차부등식 $x^2 + ax + b < 0$의 해가 $2 < x < 3$일 때 상수 a, b의 값을 구하여라.

3. 모든 실수 x에 대하여 $-2x^2 + kx - 2 \leq 0$가 성립하도록 상수 k의 범위를 구하여라.

4. 두 부등식 $x^2 - 2x - 8 < 0$, $x^2 + (4-a)x - 4a \geq 0$을 동시에 만족하는 정수 x가 한 개일 때, 실수 a의 값의 범위를 구하여라.

1.5 지수와 로그

1.5.1 거듭제곱근과 지수법칙

어떤 수 a를 n번 거듭 곱한 것을 a의 **n제곱**(n-th power)이라 하고 a^n과 같이 나타낸다. a^n에서 a를 거듭제곱의 **밑**(base), n을 거듭제곱의 **지수**(exponent)라 한다.

n이 2 이상의 자연수일 때 n제곱하여 실수 a가 되는 수, 즉 방정식 $x^n = a$를 만족시키는 수 x를 a의 **n제곱근**(n-th root)이라고 한다.

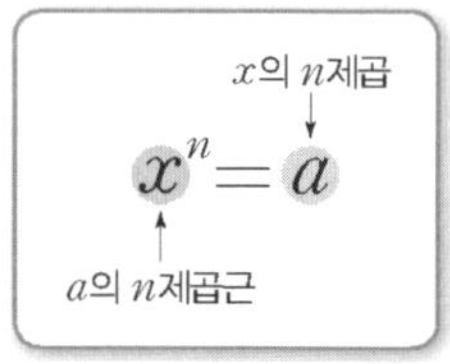

여기서 n이 홀수이면 방정식 $x^n = a$의 근 중 실수인 것은 한 개이고 $\sqrt[n]{a}$와 같이 나타낸다. n이 짝수이면 방정식 $x^n = a$의 근 중에서 $a > 0$인 경우 양수와 음수 두 개이고 각각 $\sqrt[n]{a}$, $-\sqrt[n]{a}$와 같이 나타낸다. 또한 $a < 0$인 경우 방정식 $x^n = a$의 근, 즉 음수 a의 제곱근 중에서 실수인 것은 없다. 이상에서 실수 a에 대하여 n이 2 이상의 자연수일 때 다음과 같이 정리할 수 있다.

	$a > 0$	$a = 0$	$a < 0$
n이 홀수	$\sqrt[n]{a}$	0	$\sqrt[n]{a}$
n이 짝수	$\sqrt[n]{a}$, $-\sqrt[n]{a}$	0	없다.

(예) 세 제곱해서 8이 되는 수 즉, $x^3 = 8$을 만족시키는 x를 8의 세 제곱근이라 한다.

$$x^3 = 8 \Rightarrow x^3 - 8 = 0 \Rightarrow (x-2)(x^2+2x+4) = 0$$

$$\therefore x = 2, -1+\sqrt{3}i, -1-\sqrt{3}i$$

이므로 8의 세 제곱근은 $x = 2, -1+\sqrt{3}i, -1-\sqrt{3}i$이다. 이 중 실수인 것 2를 기호 $\sqrt[3]{8}$로 나타내고 세 제곱근 8이라고 읽는다.

$a > 0$, $b > 0$이고 $n \geq 2$인 자연수일 때,

$$(\sqrt[n]{a}\sqrt[n]{b})^n = (\sqrt[n]{a})^n(\sqrt[n]{b})^n = ab$$

이고

$$ab > 0,\ \sqrt[n]{a}\sqrt[n]{b} > 0$$

이므로 $\sqrt[n]{a}\sqrt[n]{b}$는 ab의 양의 n제곱근이다. 따라서 $\sqrt[n]{a}\sqrt[n]{b} = \sqrt[n]{ab}$이다.
이와 같은 방법으로 거듭제곱근의 성질을 다음과 같이 정리할 수 있다.

정리 1.15

거듭제곱근의 성질

$a > 0$, $b > 0$이고 m, n이 2 이상의 자연수일 때

1. $\sqrt[n]{a}\sqrt[n]{b} = \sqrt[n]{ab}$
2. $\dfrac{\sqrt[n]{a}}{\sqrt[n]{b}} = \sqrt[n]{\dfrac{a}{b}}$
3. $(\sqrt[n]{a})^m = \sqrt[n]{a^m}$
4. $\sqrt[m]{\sqrt[n]{a}} = \sqrt[mn]{a}$

문제 1.22

다음을 간단히 하여라.

1. $\sqrt[4]{2} \times \sqrt[4]{8}$
2. $\dfrac{\sqrt[3]{128}}{\sqrt[3]{2}}$
3. $(\sqrt[4]{9})^2$
4. $\sqrt[3]{\sqrt{64}}$

풀이 1.22

1. $\sqrt[4]{2} \times \sqrt[4]{8} = \sqrt[4]{2 \times 8} = \sqrt[4]{16} = \sqrt[4]{2^4} = 2$
2. $\dfrac{\sqrt[3]{128}}{\sqrt[3]{2}} = \sqrt[3]{\dfrac{128}{2}} = \sqrt[3]{64} = \sqrt[3]{4^3} = 4$
3. $(\sqrt[4]{9})^2 = \sqrt[4]{9^2} = \sqrt[4]{3^4} = 3$

4. $\sqrt[3]{\sqrt{64}} = \sqrt[6]{64} = \sqrt[6]{2^6} = 2$

지수가 0, 음수, 분수일 때, 다음과 같이 정의한다.

정의 1.2

1. $a^0 = 1$ (단, $a \neq 0$)
2. $a^{-n} = \dfrac{1}{a^n}$ (단, $a \neq 0$)
3. $a^{\frac{m}{n}} = \sqrt[n]{a^m}$ (단, $a > 0$, m은 정수, $n \geq 2$인 정수)

지수가 유리수일 때 지수법칙이 성립하는데 다음과 같이 정리할 수 있다.

정리 1.16

지수가 유리수인 경우 지수법칙 (단, $a > 0, b > 0$)

1. $a^m \times a^n = a^{m+n}$
2. $a^m \div a^n = a^{m-n}$
3. $(a^m)^n = a^{mn}$
4. $(ab)^n = a^n b^n$
5. $\left(\dfrac{a}{b}\right)^n = \dfrac{a^n}{b^n}$

문제 1.23

다음 식을 간단히 하여라.(단, $a > 0$)

1. $a^{-3} \times a^4 \div a^{-2}$
2. $(-a^{-5})^{-4}$
3. $3^{\frac{1}{3}} \times 3^{\frac{2}{3}} \div 3^{\frac{1}{6}}$
4. $(\sqrt{5} \times \sqrt[3]{2})^2$

풀이 1.23

1. $a^{-3} \times a^4 \div a^{-2} = a^{-3+4-(-2)} = a^3$
2. $(-a^{-5})^{-4} = \left(-\frac{1}{a^5}\right)^{-4} = \left(-a^5\right)^4 = a^{5\times 4} = a^{20}$
3. $3^{\frac{1}{3}} \times 3^{\frac{2}{3}} \div 3^{\frac{1}{6}} = 3^{\frac{1}{3}+\frac{2}{3}-\frac{1}{6}} = 3^{\frac{2+4-1}{6}} = 3^{\frac{5}{6}}$
4. $(\sqrt{5} \times \sqrt[3]{2})^2 = (\sqrt{5})^2 \times (\sqrt[3]{2})^2 = 5\sqrt[3]{4}$

연습문제

1. 다음을 간단히 하여라.(단, $a>0$)

   (a) $\dfrac{\sqrt{9}}{2}\times\sqrt[3]{64}\div\sqrt[4]{16}$

   (b) $\left\{\left(\dfrac{4}{9}\right)^{-\frac{2}{3}}\right\}^{\frac{9}{4}}$

   (c) $\left\{\left(\dfrac{27}{125}\right)^{-\frac{1}{3}}\right\}^{\frac{3}{2}}\times\left(\dfrac{27}{5}\right)^{\frac{1}{2}}$

   (d) $\dfrac{\sqrt{a}\times\sqrt[6]{a}}{\sqrt[3]{a^2}}$

   (e) $\sqrt{\sqrt{a}\times\dfrac{a}{\sqrt[3]{a}}}$

   (f) $\sqrt{\sqrt{2}+1}\times\sqrt[4]{3-2\sqrt{2}}$

2. 2이상의 정수 n에 대하여 10의 n제곱근 중 실수인 것의 개수를 $f(n)$, -10의 n제곱근 중 실수인 것의 개수를 $g(n)$이라 할 때, $f(3)+g(3)+f(4)+g(4)$의 값을 구하여라.

3. 세 양수 a,b,c가 $ab^2c^3=32$, $\left(\dfrac{a}{2}\right)^x=b^{2y}=c^{3z}=512$를 만족시킬 때, $\dfrac{1}{x}+\dfrac{1}{y}+\dfrac{1}{z}$의 값을 구하여라. (단, x,y,z는 실수)

1.5.2 로그의 정의와 성질

$a > 0$, $a \neq 1$, $N > 0$일 때, $a^x = N$을 만족시키는 실수 x는 오직 하나 존재한다. 이때 x를 $x = \log_a N$으로 나타내고, $\log_a N$를 a를 밑으로 하는 N의 <u>로그</u>(**logarithm**)라고 하고 N를 $\log_a N$의 <u>진수</u>(**anti-logarithm**)라 한다.

예를 들면

$$x^2 = 4 \Leftrightarrow x = \pm 2$$

$$x^2 = 3 \Leftrightarrow x = \pm\sqrt{3}$$

$$2^x = 8 \Leftrightarrow 2^x = 2^3 \Leftrightarrow x = 3$$

$$2^x = 3 \Leftrightarrow x = \log_2 3 \quad \longrightarrow \quad 2^x = 3 \Leftrightarrow x = \log_2 3$$

정의 1.3 로그의 정의

$a > 0$, $a \neq 1$, $N > 0$일 때,

$$a^x = N \Leftrightarrow x = \log_a N$$

문제 1.24

다음에서 x의 값을 각각 구하여라.

1. $\log_2 x = 3$
2. $\log_x 27 = 3$
3. $\log_{\frac{1}{5}} \sqrt{5} = x$

풀이 1.24

1. $\log_2 x = 3 \Leftrightarrow 2^3 = x \quad \therefore x = 8$
2. $\log_x 27 = 3 \Leftrightarrow x^3 = 27 \quad \therefore x = 3$
3. $\log_{\frac{1}{5}} \sqrt{5} = x \Leftrightarrow \left(\frac{1}{5}\right)^x = \sqrt{5} \Leftrightarrow 5^{-x} = 5^{\frac{1}{2}} \quad \therefore x = -\frac{1}{2}$

로그의 정의에 의하여 다음 로그의 성질이 성립한다.

정리 1.17

로그의 성질

$a > 0,\ a \neq 1,\ M > 0,\ N > 0$일 때

1. $\log_a 1 = 0,\ \log_a a = 1$
2. $\log_a MN = \log_a M + \log_a N$
3. $\log_a \dfrac{M}{N} = \log_a M - \log_a N$
4. $\log_a N^k = k \log_a N$ (k는 실수)

문제 1.25

정리 2.2.1의 식 2.를 증명하여라.

풀이 1.25

$\log_a M = x, \quad \log_a N = y$ 라 하면
로그의 정의에 의하여 $M = a^x, \quad N = a^y$ 이고, $\quad MN = a^x a^y = a^{x+y}$ 이므로

$$\log_a MN = x + y = \log_a M + \log_a N$$

이다.

문제 1.26

다음을 계산하여라.

1. $\log_2 \dfrac{2}{3} - \log_2 \dfrac{4}{3} + \log_2 32$
2. $2\log_3 2 + \dfrac{1}{2}\log_3 7 - \log_3 4\sqrt{7}$

풀이 1.26

1. $$\log_2 \frac{2}{3} - \log_2 \frac{4}{3} + \log_2 32 = \log_2 \left(\frac{2}{3} \div \frac{4}{3} \times 32\right) = \log_2 \left(\frac{2}{3} \times \frac{3}{4} \times 32\right) = \log_2 16 = \log_2 2^4 = 4$$

2. $$2\log_3 2 + \frac{1}{2}\log_3 7 - \log_3 4\sqrt{7} = \log_3 2^2 + \log_3 7^{\frac{1}{2}} - \log_3 4\sqrt{7} = \log_3 4 + \log_3 \sqrt{7} - \log_3 4\sqrt{7} = \log_3 \frac{4 \times \sqrt{7}}{4\sqrt{7}} = \log_3 1 = 0$$

$\log_a b = x$ 이면 $b = a^x$ 이다.

양변에 $c(c > 0, c \neq 1)$ 를 밑으로 하는 로그를 잡으면

$$\log_c b = \log_c a^x = x \log_c a$$

$a \neq 1$ 이므로 $\log_c a \neq 0$ 이다. 따라서 $x = \dfrac{\log_c b}{\log_c a}$ 이므로

$$\log_a b = \frac{\log_c b}{\log_c a}$$

이다. 이것을 <u>로그의 밑 변환공식</u>이라 한다.

정리 1.18

로그의 밑 변환공식

a, b, c는 양수이고 $a \neq 1$, $c \neq 1$일 때

$$\log_a b = \frac{\log_c b}{\log_c a}$$

문제 1.27

$10^a = 2,\ 10^b = 3$일 때, $\log_5 72$을 a, b로 나타내어라.

풀이 1.27

$10^a = 2$에서 $a = \log_{10} 2$이고 $10^b = 3$ 에서 $b = \log_{10} 3$이므로

$$\begin{aligned}
\log_5 72 &= \frac{\log_{10} 72}{\log_{10} 5} \\
&= \frac{\log_{10}\left(2^3 \times 3^2\right)}{\log_{10} \dfrac{10}{2}} \\
&= \frac{\log_{10} 2^3 + \log_{10} 3^2}{\log_{10} 10 - \log_{10} 2} \\
&= \frac{3\log_{10} 2 + 2\log_{10} 3}{1 - \log_{10} 2} \\
&= \frac{3a + 2b}{1 - a}
\end{aligned}$$

$$\therefore \log_5 72 = \frac{3a + 2b}{1 - a}$$

연습문제

1. 다음 값을 구하여라.

   (a) $\log_2 16^3$

   (b) $\log_{\sqrt{12}} \sqrt[3]{48}$

   (c) $\log_3 \dfrac{2}{\sqrt{3}} + \log_3 \dfrac{\sqrt[3]{27}}{2}$

   (d) $\log_{\sqrt{3}} \sqrt[3]{25} \times \log_5 \sqrt[3]{4}$

   (e) $\log_{25} 5 + \log_{27} 3 + \log_{64} 4$

   (f) $(\log_2 9) \times (\log_3 \sqrt{5}) \times (\log_5 2)$

2. 다음 주어진 식을 a, b로 나타내어라.

   (a) $\log_{10} 2 = a, \log_{10} 3 = b$일 때, $\log_{\sqrt{12}} \sqrt[3]{48}$

   (b) $\log_2 5 = a$일 때, $\log_5 \sqrt{10\sqrt{10}} + \log_{10} \sqrt{5\sqrt{5}}$

   (c) $10^a = x, 10^b = y \ (ab \neq 1)$일 때, $\log_{xy} 10$

3. 다음을 만족하는 x의 값을 구하여라.

   (a) $\log_{10} (\log_{32} x) = -1$

   (b) $\log_6 (\log_{64} (\log_2 x)) = -1$

4. $\log_3(1+x)(5-x)$의 값이 존재하도록 하는 x에 대하여 $|x+1|+|x-5|$를 간단히 하여라.

제 2 장
함수

2.1 함수

2.1.1 함수의 정의와 연산

1. 함수의 정의

공집합이 아닌 두 집합 X, Y에 대하여 X의 각 원소에 Y의 원소가 오직 하나씩 대응할 때, 이 대응 관계를 'X에서 Y로의 함수'라고 하고 기호로

$$f : X \to Y$$

와 같이 나타낸다.

함수 $f : X \to Y$ 에서 집합 X를 함수의 **정의역**(domain), 집합 Y를 **공역**(codomain)이라고 하고 $f(x)$를 x에서의 함수 f에 의한 **상**(image) 또는 **함숫값**이라 한다. 또한 함숫값 전체의 집합 $f(X) = \{f(x)|x \in X\}$를 함수 f의 **치역**이라고 한다. 이때, 치역 $f(X)$는 공역 Y의 부분집합이다.

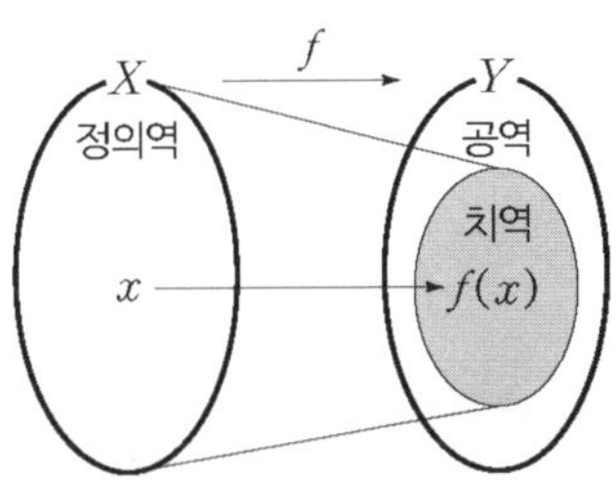

함수 $y = f(x)$에서 변수 x를 이 함수의 **독립변수**라 하고, 변수 y를 **종속변수**라 한다.

예를 들면 오른쪽 그림과 같은 함수 $f : X \to Y$ 에서

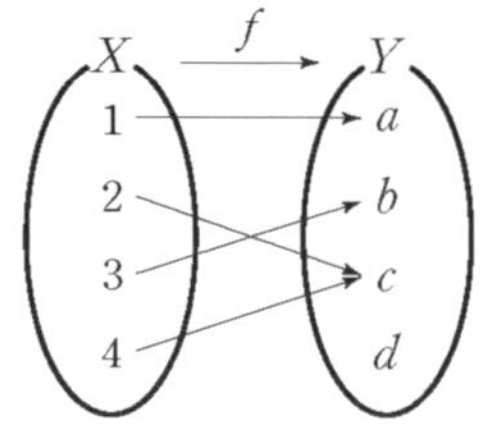

1. 정의역 : $X = \{1, 2, 3, 4\}$
2. 공역 : $Y = \{a, b, c, d\}$
3. 치역 : $f(x) = \{a, b, c\}$

문제 2.1

두 집합 $X = \{0, 1, 2\}$와 $Y = \{-1, 0, 1, 2, 3, 4\}$에 대하여 함수 $f : X \to Y$가 다음과 같이 주어질 때, f의 치역을 구하여라.

1. $f(x) = x + 2$
2. $f(x) = x^2 - 1$

풀이 2.1

1. $\{2, 3, 4\}$
2. $\{-1, 0, 3\}$

문제 2.2

두 집합 $X = \{0, 1, a\}$와 $Y = \{-1, 2, b\}$에 대하여 X에서 Y로의 함수 $f(x) = x^2 + 1$일 때, 음수 a를 구하여라.

풀이 2.2

$$f(0) = 0^2 + 1 = 1,\ f(1) = 1^2 + 1 = 2,\ f(a) = a^2 + 1$$

이다. 따라서 $1 \in Y$이어야 하므로 $b = 1$이다. 또한 $a^2 + 2 \in Y$이어야 한다.

1. $a^2 + 1 = -1$일 때, $a^2 = -2$이므로 이를 만족하는 음수 a의 값은 존재하지 않는다.
2. $a^2 + 1 = 1$일 때, $a^2 = 0$이므로 이를 만족하는 음수 a의 값은 존재하지 않는다.
3. $a^2 + 1 = 2$일 때, $a^2 = 1$이므로 $a = \pm 1$이다.

따라서 $a = -1$이다.

2. 함수의 연산

실수의 부분집합을 각각 정의역으로 하는 함수 f와 g에 대하여, 사칙연산(합, 차, 곱, 몫)과 상수곱, 일차결합을 다음과 같이 정의한다.

정의 2.1 함수의 연산

함수 f와 g가 주어졌을 때

1. 함수의 합 : $(f+g)(x) = f(x) + g(x)$
2. 함수의 차 : $(f-g)(x) = f(x) - g(x)$
3. 함수의 곱 : $(fg)(x) = f(x)g(x)$
4. 함수의 몫 : $\left(\dfrac{f}{g}\right)(x) = \dfrac{f(x)}{g(x)}$ (단, $g(x) \neq 0$)
5. 함수의 실수 배 : $(cf)(x) = cf(x)$ (단, $c \in \mathbb{R}$)
6. 일차결합 : $(af+bg)(x) = af(x) + bg(x)$ (단, $a, b \in \mathbb{R}$)

사칙연산 외에 합성이라는 방법을 통하여 새로운 함수를 얻을 수 있다. 즉, 두 함수 $f : X \to Y$, $g : Y \to Z$에 대하여 X의 각 원소 x에 $g(f(x))$를 대응시키게 되면 X에서 Z로의 함수를 얻는다.

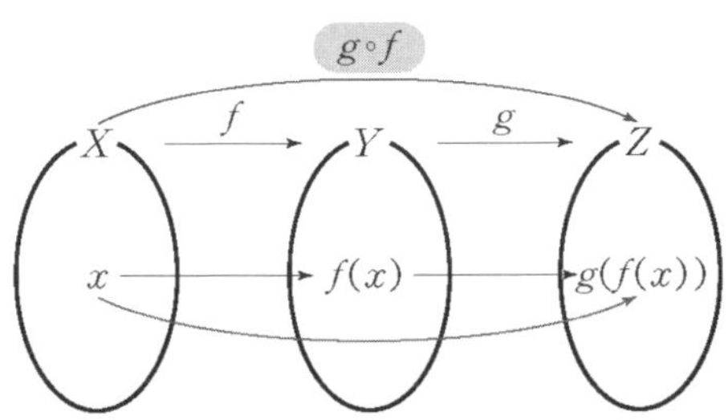

정의 2.2 합성함수 (composition of functions)

두 함수 $f: X \to Y$, $g: Y \to Z$에 대하여 X의 각 원소 x에 $g(f(x))$를 대응시키는 함수를 $g \circ f$라 나타내며, 이를 함수 f와 g의 **합성함수**라 한다. 즉,

$$g \circ f : X \to Z,\ (g \circ f)(x) = g(f(x))$$

정의역과 공역이 명시되지 않은 함수들의 합성을 다룰 때 주의할 점은, f의 정의역 전체가 합성함수 $g \circ f$의 정의역이 되지 않을 수도 있다. 예를 들어 $f(x) = x$이고 $g(x) = \dfrac{1}{x}$이라면 $f(x)$는 0에서 정의되지만 $g(f(x)) = \dfrac{1}{x}$은 0에서 정의되지 않는다.

따라서 합성함수 $g \circ f$의 정의역은 f의 정의역에 속한 x들 중에서 함숫값 $f(x)$가 g의 정의역에 속하는 것들의 집합으로 생각한다.

문제 2.3

실수의 집합에서 실수의 집합으로의 함수 f, g가

$$f(x) = 3x,\ \ g(x) = x^2 + 2$$

이라 할 때, 합성함수 $g \circ f$와 $f \circ g$를 구하여라.

풀이 2.3

$$(g \circ f)(x) = g(f(x)) = g(3x) = (3x)^2 + 2 = 9x^2 + 2$$
$$(f \circ g)(x) = f(g(x)) = f\left(x^2 + 2\right) = 3\left(x^2 + 2\right) = 3x^2 + 6$$

따라서 $(g \circ f)(x) = 9x^2 + 2, (f \circ g)(x) = 3x^2 + 6$이다.

3. 함수의 여러 가지 용어들

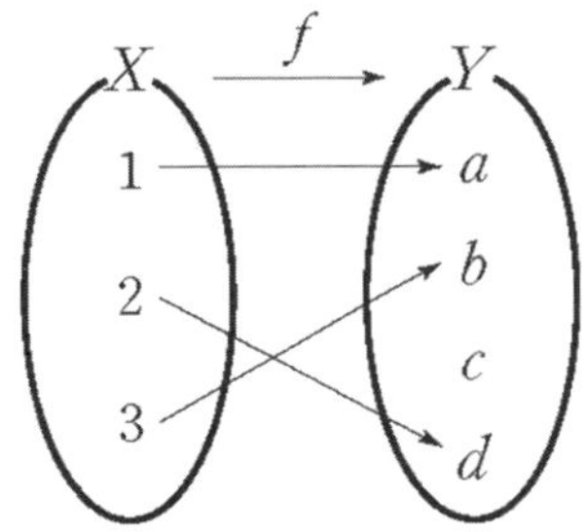

임의의 $x_1 \neq x_2$에 대하여 $f(x_1) \neq f(x_2)$, 즉, $f(x_1) = f(x_2)$이면 $x_1 = x_2$일 때, 함수 f를 **일대일함수** 또는 **단사함수(injective function)** 라고 한다.

임의의 $y \in Y$에 대하여 $x \in X$가 존재하여 $f(x) = y$를 만족하면, 즉 $f(X) = Y$ 이면 함수 f를 **전사함수(surjective function)**라 한다.

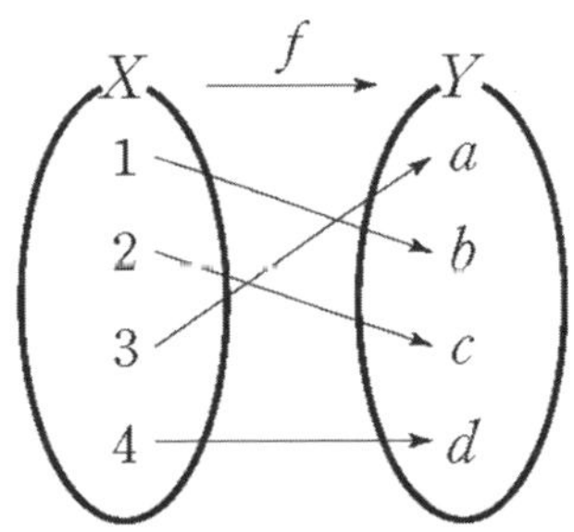

함수 $f : \mathbf{X} \to \mathbf{Y}$가 일대일함수이며 전사함수일 때 **일대일대응** 또는 **전단사함수(bijective function)** 이라 한다.

예를 들어 함수 $f(x) = 2x$는 정의역의 두 원소 x_1, x_2에 대하여

$$x_1 \neq x_2 \text{이면 } 2x_1 \neq 2x_2,$$

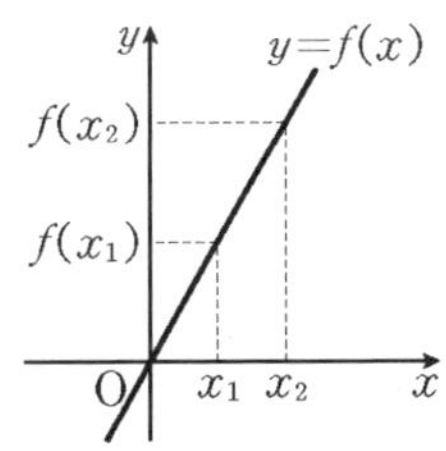

즉 $f(x_1) \neq f(x_2)$이므로 일대일함수이다. (또는 $2x_1 = 2x_2$이면 $x_1 = x_2$이다.) 또, 함수 f는 치역과 공역이 모두 실수 전체의 집합으로 서로 같다. 따라서 이 함수는 일대일대응이다.

간단한 형태의 함수로는 아래와 같이 정의되는 상수함수와 항등함수가 있다.

정의역과 공역이 모두 X이고 각 점 $x \in X$에 대하여 함숫값 x를 갖는 함수를 **항등함수(identity function)**라 하고 I_X와 같이 나타내기로 한다. 예를 들면 $f : X \to X$, $f(x) = x$로 정의되는 함수이다.

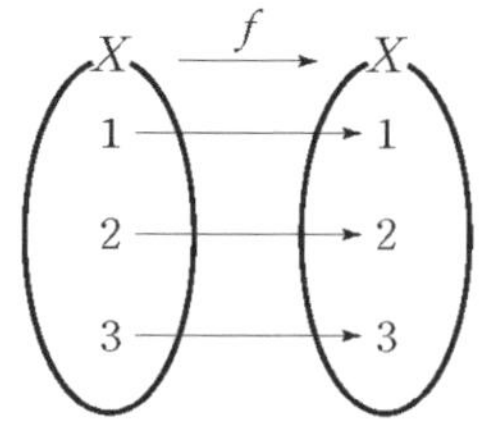

정의역의 모든 점 x에 대하여 같은 함숫값 c를 갖는 함수를 **상수함수(constant function)**라고 한다. 예를 들어 $f(x) = 2$이다.

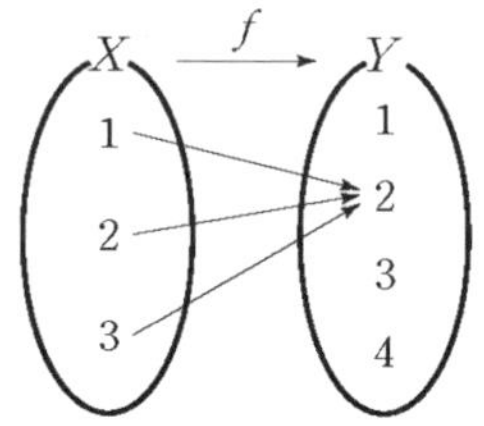

연습문제

1. 정의역이 집합 $X = \{-2, -1, 0, 1, 2\}$ 인 함수 $f(x) = |x| + 2$ 의 치역의 모든 원소의 합을 구하여라.

2. 집합 $X = \{x|x \geq 0\}$ 에 대하여 집합 X 에서 집합 X 로의 다음 함수 중 일대일대응, 상수함수, 항등함수인 것을 모두 찾아라.

   (a) $f(x) = x^2$

   (b) $g(x) = 2$

   (c) $h(x) = |x + 1| - 1$

   (d) $k(x) = \begin{cases} 1 & (x = 0) \\ |x| & (x \neq 0) \end{cases}$

3. $f(x) = 2x - 1$, $g(x) = x + 3$, $h(x) = x^2$ 일 때, 다음 각 함수를 구하여라.

   (a) $g \circ f$

   (b) $f \circ g$

   (c) $f \circ (g \circ h)$

   (d) $(f \circ g) \circ h$

4. 집합 $X = \{x|x \leq k\}$ 에서 집합 $Y = \{y|y \leq k\}$ 로의 함수 $f(x) = -x^2 - 2x$ 가 일대일대응일 때, 실수 k 의 값을 구하여라.

2.1.2 역함수

1. 역함수의 정의

일반적으로 함수 $f : X \to Y,\ y = f(x)$가 일대일대응일 때, 집합 Y의 임의의 원소 y에 대하여 $f(x) = y$인 집합 X의 원소 x를 대응시킬 수 있으므로 집합 Y를 정의역으로 하고, 집합 X를 공역으로 하는 새로운 함수를 생각할 수 있다. 이 함수를 함수 f의 <u>역함수</u>라 한다.

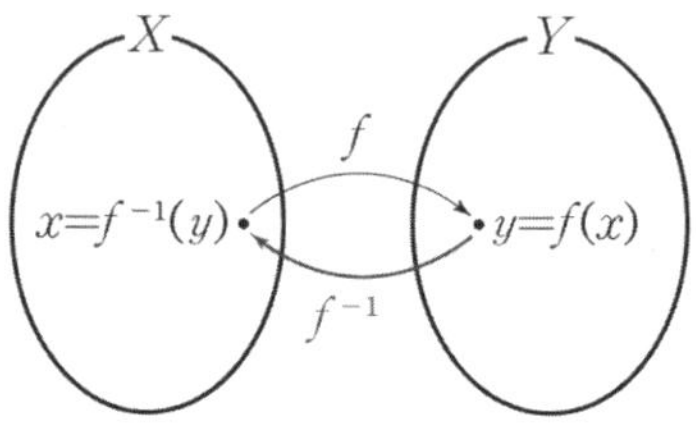

정의 2.3 역함수의 정의

함수 $f : X \to Y,\ y = f(x)$가 일대일대응일 때, 집합 Y의 임의의 원소 y에 대하여 $f(x) = y$인 집합 X의 원소 x를 대응시켜 집합 Y에서 집합 X로의 함수를 얻을 수 있다. 집합 Y를 정의역, 집합 X를 공역으로 하는 이 함수를 함수 f의 **역함수**라 하고, 기호로

$$f^{-1} : Y \to X,\ x = f^{-1}(y)$$

와 같이 나타낸다.

함수 $f : X \to Y,\ y = f(x)$가 일대일대응이면 그 역함수 f^{-1}는 존재하고 다음과 같은 순서로 얻을 수 있다.

1. 주어진 함수가 일대일대응인가 확인
2. $y = f(x)$를 $x = f(y)$ 꼴로 나타냄
3. $x = f(y)$에서 x 대신에 y, y 대신에 x를 대입

이때, 정의역은 치역으로, 치역은 정의역으로 바뀐다.

문제 2.4

함수 $y = 2x + 3$의 역함수를 구하여라.

풀이 2.4

주어진 함수는 일대일대응이므로 역함수가 존재한다. $y = 2x+3$을 x에 대하여 풀면 $x = \frac{1}{2}y - \frac{3}{2}$ x와 y를 서로 바꾸면 구하는 역함수는 $y = \frac{1}{2}x - \frac{3}{2}$이다.

문제 2.5

구간 $[4, \infty)$에서 정의된 함수 $f(x) = \sqrt{x-4}$의 역함수를 구하여라.

풀이 2.5

함수 $y = \sqrt{x-4}$의 양변을 제곱하면 $y^2 = x - 4$를 얻는다. x를 y에 관한 식으로 정리하면 $x = y^2 + 4$가 되고, x와 y를 바꾸면 역함수 $f^{-1}(x) = x^2 + 4$이다. 한편 f^{-1}의 정의역은 f의 치역이므로 $[0, \infty)$이다.

2. 역함수의 성질

역함수는 다음과 같은 성질을 갖는다.

정리 2.1

역함수의 성질

역함수 정의에 의해서 집합 X의 임의의 원소 x에 대하여

$$y = f(x) \Leftrightarrow x = f^{-1}(y)$$

이므로 다음을 만족한다.

1. 모든 $x \in X$에 대하여 $(f^{-1} \circ f)(x) = f^{-1}(f(x)) = f^{-1}(y) = x$

2. 모든 $y \in Y$에 대하여 $(f \circ f^{-1})(y) = f(f^{-1}(y)) = f(x) = y$

3. $(f^{-1})^{-1}(x) = f(x)$

3. 역함수의 그래프

함수 $y = f(x)$의 그래프와 그 역함수 $y = f^{-1}(x)$의 그래프 사이의 관계를 알아보자.

함수 $y = f(x)$의 역함수가 존재할 때, $y = f(x)$의 그래프 위의 한 점을 (a, b)라고 하면 $b = f(a)$이므로 $a = f^{-1}(b)$이다. 즉, 점 (a, b)가 함수 $y = f(x)$의 그래프 위의 점이면 점 (b, a)는 $y = f^{-1}(x)$의 그래프 위의 점이다.

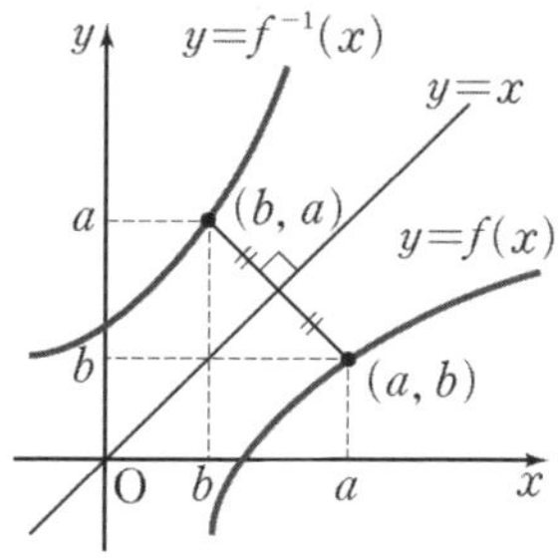

그런데 점 (b, a)와 점 (a, b)는 직선 $y = x$에 대하여 대칭이므로 역함수 $y = f^{-1}(x)$의 그래프와 함수 $y = f(x)$의 그래프는 직선 $y = x$에 대하여 대칭이다.

정리 2.2

역함수의 그래프의 성질

함수 $y = f(x)$의 그래프와 그 역함수 $y = f^{-1}(x)$의 그래프는 직선 $y = x$에 대하여 대칭이다.

문제 2.6

함수 $f(x) = x^2 - 4x(x \geq 2)$의 역함수 $y = f^{-1}(x)$에 대하여 두 함수 $y = f(x)$와 $y = f^{-1}(x)$의 그래프의 교점의 좌표를 (a, b)라 할 때, $a + b$를 구하여라.

풀이 2.6

두 함수 $y = f(x)$와 $y = f^{-1}(x)$의 그래프는 직선 $y = x$에 대하여 대칭이므로 두 함수 $y = f(x)$와 $y = f^{-1}(x)$의 그래프의 교점은 함수 $y = f(x)$의 그래프와 직선 $y = x$의 교점과 같다. 즉,

$$x^2 - 4x = x \text{에서 } x(x-5) = 0$$

$x \geq 2$이므로 $x = 5$이다. 따라서 교점의 좌표는 $(5, 5)$이므로 $a = 5, b = 5$, 즉, $a + b = 10$이다.

연습문제

1. 다음 함수의 역함수를 구하여라.

   (a) $f(x) = -\frac{1}{2}x + 3$
   (b) $f(x) = x^2 - 4x + 4\ (x \geq 2)$
   (c) $f(x) = \sqrt{x+4}\ (x \geq -4)$
   (d) $f(x) = x^3 + 1$

2. $f(1) = 4, f(3) = 7$일 때, $f^{-1}(4) + f^{-1}(7)$의 값을 구하여라.

3. 함수 $f(x) = ax + b$의 역함수가 $f^{-1}(x) = x + 3$일 때 상수 a, b를 구하여라.

4. 실수 전체의 집합에서 정의된 두 함수 $f(x) = 3x - 4, g(x) = x + 6$에 대하여 합성함수 $h(x) = (f \circ (g \circ f)^{-1} \circ f)(x)$일 때, $h(3) + h^{-1}(2)$의 값을 구하여라.

5. 두 함수 f, g에 대하여 $f(x) = \frac{1}{2}x + \frac{1}{2}$일 때 $(g \circ f)(x) = 3x + 2$가 성립한다. 이때 $g^{-1}(2)$의 값을 구하여라.

2.2 일차함수와 이차함수

2.2.1 일차함수

1. 일차함수의 정의

함수 $y = f(x)$에서 y가 x에 관한 일차식 $y = ax + b\ (a \neq 0)$로 나타나는 함수를 일차함수라고 한다. 일차함수의 정의역은 모든 실수들의 집합이고 그래프는 직선이다.

2. 일차함수의 그래프

일차함수 $y = ax + b(a > 0)$의 그래프는 일차함수 $y = ax(a > 0)$의 그래프를 y축의 방향으로 b만큼 평행이동 한 직선이다.

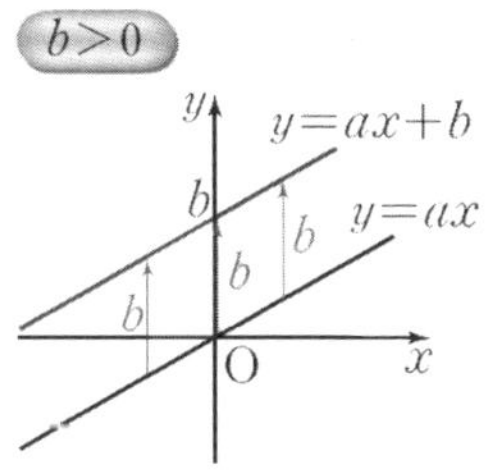

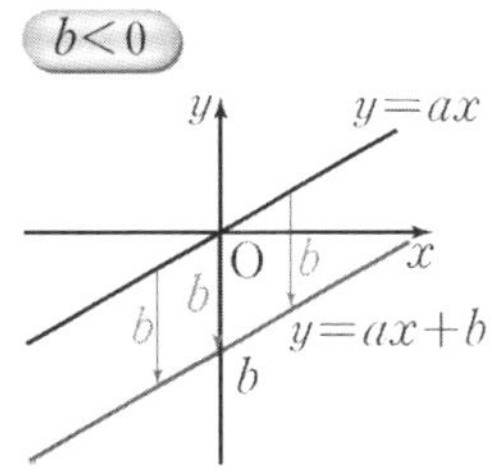

정리 2.3

$y = ax + b$의 그래프의 성질

1. 두 점 $(x_1, y_1), (x_2, y_2)$이 일차함수 $y = ax + b$의 그래프 위의 서로 다른 두 점일 때 직선의 기울기 a는 다음과 같다.

$$a(\text{기울기}) = \frac{(y\text{값의 변화량})}{(x\text{값의 변화량})} = \frac{y_2 - y_1}{x_2 - x_1}$$

2. $a > 0$이면 그래프는 오른쪽 위로 향하는 직선이다.

3. $a < 0$이면 그래프는 오른쪽 아래로 향하는 직선이다.

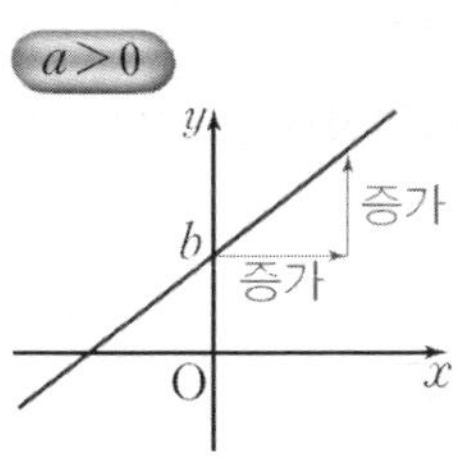

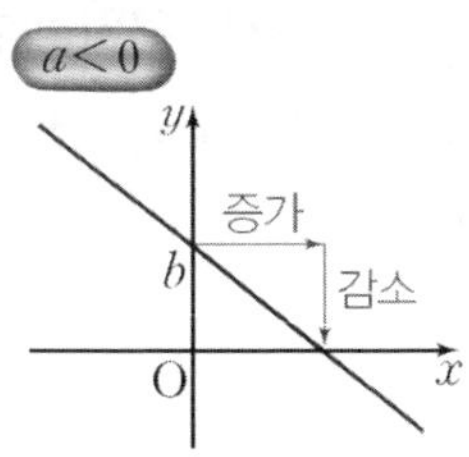

4. $a = 0$이면 $y = b$인 상수함수이고 x축에 평행한 직선이다.

문제 2.7

다음 일차함수의 식을 구하여라.

1. 기울기가 -2이고, y절편이 5인 일차함수
2. 기울기가 3이고, 점 $(2, 5)$를 지나는 일차함수

풀이 2.7

1. 구하는 일차함수의 식을 $y = ax + b$라고 하면 기울기 a는 -2이고, y절편 b는 5이다. 따라서 구하는 일차함수의 식은 $y = -2x + 5$이다.
2. 구하는 일차함수의 식을 $y = ax + b$라고 하면 기울기가 3이므로 $y = 3x + b$이다. 또한, 일차함수가 점 $(2, 5)$를 지나므로 일차함수 $y = 3x + b$에 $x = 2$, $y = 5$를 대입하면

$$5 = 3 \times 2 + b, \ b = -1$$

이다. 따라서 구하는 일차함수의 식은 $y = 3x - 1$이다.

문제 2.8

두 점 $(-1, -2)$, $(1, 4)$을 지나는 일차함수의 식을 구하여라.

풀이 2.8

두 점 $(-1, -2)$, $(1, 4)$을 지나는 일차함수의 기울기는 $\dfrac{4 - (-2)}{1 - (-1)} = 3$이다. 또 이 일차함수는 점 $(1, 4)$을 지나므로 $y = 3x + b$에 $x = 1$, $y = 4$를 대입하여 $b = 1$이다. 따라서 구하는 일차함수 식은 $y = 3x + 1$이다.

문제 2.9

x절편이 1이고, y절편이 3인 일차함수의 식을 구하여라.

풀이 2.9

x절편이 1이고, y절편이 3이므로 이 직선은 두 점 $(1,0)$, $(0,3)$을 지난다. 그러므로 이 일차함수의 기울기는 $\dfrac{3-0}{0-1} = -3$이고, y절편은 3이다. 따라서 구하는 일차함수 식은 $y = -3x + 3$이다.

연습문제

1. 다음 각 조건을 만족하는 일차함수를 구하여라.

   (a) 기울기가 -2이고, 점 $(1,2)$를 지나는 일차함수

   (b) 두 점 $(-2,1)$, $(3,6)$를 지나는 일차함수

   (c) 두 점 $(2,1)$, $(3,4)$를 지나는 직선에 평행하고, x절편이 2인 일차함수

2. $y = ax + 2a + 1$에 대하여 다음에 답하여라.

   (a) $-1 \le x \le 1$일 때, y가 항상 양이 되도록 a의 값의 범위를 정하여라.

   (b) $-1 < x < 1$일 때, y가 양의 값과 음의 값을 가지도록 a의 값의 범위를 정하여라.

3. 일차함수 $y = ax+b(-1 \le x \le 3)$의 치역이 $0 \le y \le 4$일 때, 상수 a, b의 값을 구하여라.

4. $f(x) = ax + b$가 $2 \le f(1) \le 4$, $0 \le f(2) \le 3$을 만족할 때, 함숫값 $f(0)$과 $f(3)$의 범위를 구하여라.

2.2.2 이차함수

일반적으로 함수 $y = f(x)$에서 y가 x에 관한 이차식 $y = ax^2 + bx + c\ (a \neq 0)$로 나타날 때, 이 함수 $y = f(x)$를 **이차함수**라고 한다.

1. 이차함수 $y = ax^2$의 그래프

이차함수 $y = ax^2$의 그래프와 같은 모양의 곡선을 **포물선**이라고 한다. 포물선은 한 직선에 대칭인 도형으로 그 직선을 포물선의 **축**이라 하고, 포물선과 축의 교점을 포물선의 **꼭짓점**이라고 한다. 따라서 이차함수 $y = ax^2$의 그래프는 y축을 축으로 하고, 원점을 꼭짓점으로 하는 포물선이다.

정리 2.4

$y = ax^2 (a \neq 0)$의 그래프의 성질

1. 꼭짓점은 원점 (0,0)
2. 대칭축은 $x = 0$, 즉 y축
3. $a > 0$이면 아래로 볼록
   $a < 0$이면 위로 볼록
4. $|a|$가 클수록 폭이 좁아진다.

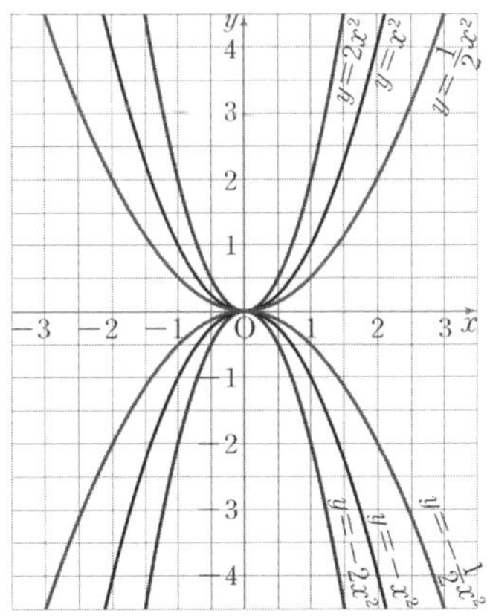

문제 2.10

이차함수 $y = 2x^2$의 꼭짓점의 좌표와 대칭축을 구하여라.

풀이 2.10

꼭짓점 좌표 : 점 (0,0)
대칭축 : $x = 0$ (y축)

2. 이차함수 $y = a(x-p)^2 + q\ (a \neq 0)$의 그래프

이차함수 $y = a(x-p)^2 + q$의 그래프는 $y = ax^2$의 그래프를 x축의 방향으로 p만큼, y축의 방향으로 q만큼 평행이동한 것이다.

정리 2.5

$y = a(x-p)^2 + q$의 그래프의 성질

1. 이차함수 $y = ax^2$의 그래프를 x축의 방향으로 p만큼, y축의 방향으로 q만큼 평행이동한 것이다.
2. 직선 $x = p$를 축으로 하고, 점 (p, q)를 꼭짓점으로 하는 포물선이다.

   (a) $a > 0$이면 아래로 볼록

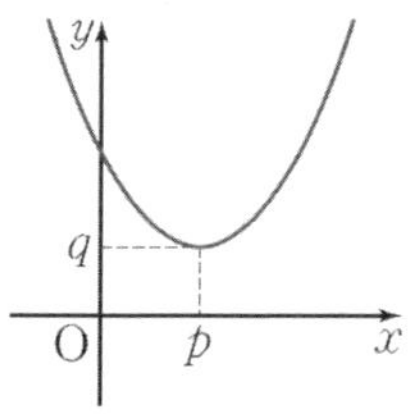

   (b) $a < 0$이면 위로 볼록

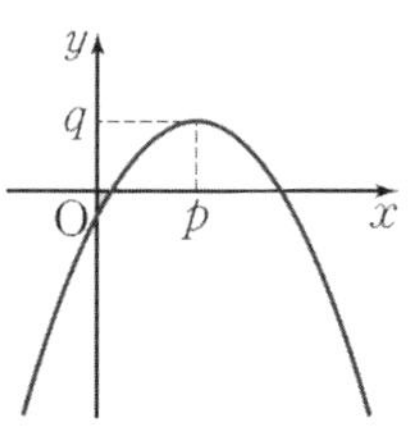

문제 2.11

이차함수 $y = -x^2$의 그래프를 이용하여 이차함수 $y = -(x-3)^2 + 2$의 그래프를 그려라.

풀이 2.11

이차함수 $y=-(x-3)^2+2$의 그래프는 $y=-x^2$의 그래프를 x축의 방향으로 3만큼, y축의 방향으로 2만큼 평행이동 한 것이다.

따라서 이차함수 $y=-(x-3)^2+2$의 그래프는 오른쪽 그림과 같이 직선 $x=3$을 축으로 하고, 점 $(3,2)$를 꼭짓점으로 하는 위로 볼록한 포물선이다.

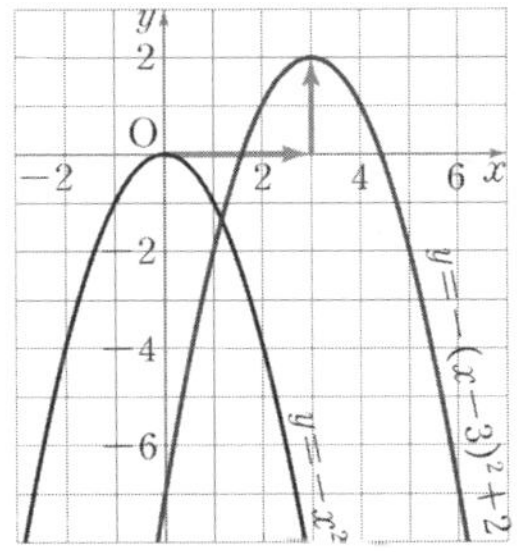

이차함수 $y=ax^2+bx+c\ (a\neq 0)$의 그래프는

$$y=ax^2+bx+c \Leftrightarrow y=a\left(x+\frac{b}{2a}\right)^2-\frac{b^2-4ac}{4a}$$

이므로 이차함수 $y=a(x-p)^2+q$의 꼴로 바꾸어서 그린 그래프와 같다.

정리 2.6

이차함수 $y=ax^2+bx+c\ (a\neq 0)$ 의 그래프

1. 꼭짓점: $\left(-\frac{b}{2a}, -\frac{b^2-4ac}{4a}\right)$
2. 대칭축: $x=-\frac{b}{2a}$
3. y축과 만나는 점의 좌표는 $(0,c)$이다.

예를 들면, 이차함수 $y=2x^2+4x+5$의 꼭짓점과 대칭축을 구해보면,

$$y=2x^2+4x+5=2(x^2+2x+1-1)+5=2(x+1)^2+3$$

이므로 꼭짓점은 $(-1,3)$이고 대칭축은 $x=-1$이다.

문제 2.12

이차함수 $y = ax^2 + bx + c$의 그래프가 점 $(4, -1)$을 지나고 꼭짓점의 좌표가 $(2, 3)$일 때, 이 이차함수의 식을 구하여라.

풀이 2.12

주어진 이차함수의 꼭짓점의 좌표가 $(2, 3)$이므로 구하는 이차함수의 식은

$$y = a(x-2)^2 + 3$$

으로 나타낼 수 있다. 또 이 이차함수가 점 $(4, -1)$을 지나므로 위 식에 $x = 4$, $y = -1$을 대입하면 $-1 = a(4-2)^2 + 3 \Leftrightarrow 4a = -4$, $a = -1$이다. 따라서 구하는 이차함수의 식은 $y = -(x-2)^2 + 3$, 즉, $y = -x^2 + 4x - 1$이다.

3. 이차함수의 최대, 최소

$\alpha \le x \le \beta$인 범위에서 이차함수 $y = a(x-p)^2 + q$의 최댓값과 최솟값은 다음과 같다.

	$a > 0$	$a < 0$	최댓값과 최솟값
$\alpha \le p \le \beta$ 인 경우	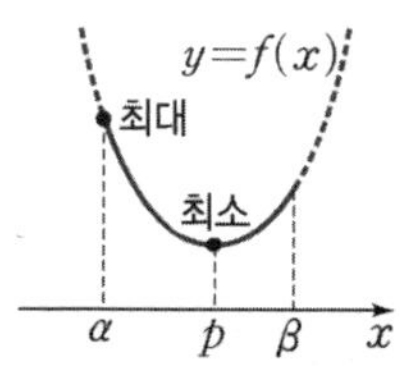	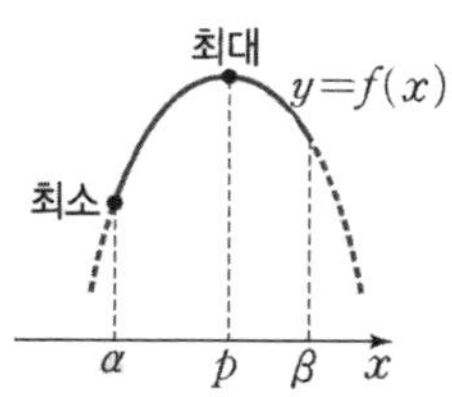	$f(\alpha)$, $f(\beta)$, $f(p)$ 중 가장 큰 값이 최댓값이고, 가장 작은 값이 최솟값이다.
$p < \alpha$, $p > \beta$ 인 경우	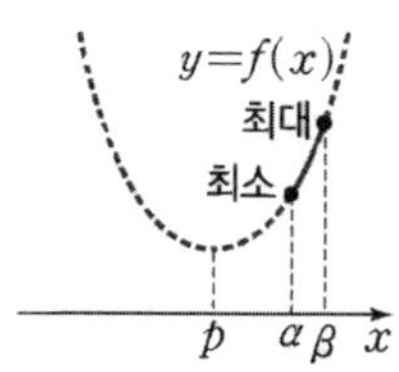	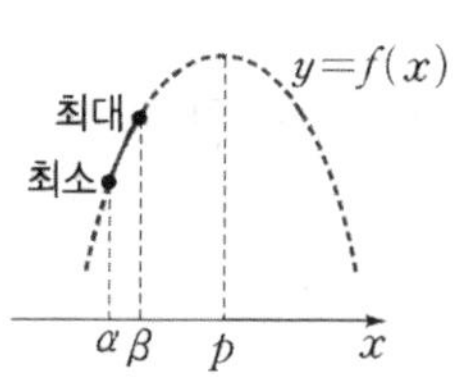	$f(\alpha)$, $f(\beta)$ 중 큰 값이 최댓값이고, 작은 값이 최솟값이다.

문제 2.13

다음 이차함수의 최댓값과 최솟값을 구하고, 그때의 x의 값을 구하여라.

1. $y = 2x^2 + 4x - 1$
2. $y = -x^2 + 4x - 6$

풀이 2.13

1. $y = 2x^2 + 4x - 1 = 2(x+1)^2 - 3$이므로 이 함수의 그래프는 점 $(-1, -3)$를 꼭짓점으로 하는 아래로 볼록한 포물선이다. 따라서 주어진 이차함수의 최솟값은 $x = -1$일 때 -3이고, 최댓값은 없다.

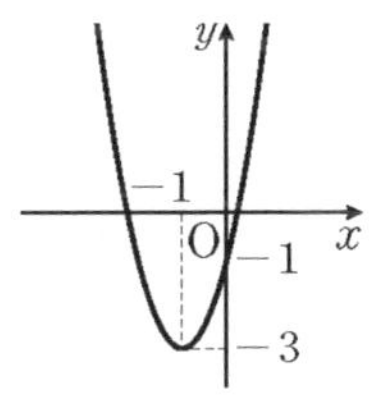

2. $y = -x^2 + 4x - 6 = -(x-2)^2 - 2$이므로 이 함수의 그래프는 점 $(2, -2)$를 꼭짓점으로 하는 위로 볼록한 포물선이다. 따라서 주어진 이차함수의 최댓값은 $x = 2$일 때 -2이고, 최솟값은 없다.

문제 2.14

주어진 범위에서 다음 이차함수의 최댓값과 최솟값을 구하여라.

1. $y = -2x^2 + 20x + 48\,(2 \le x \le 10)$
2. $y = -x^2 + 4x + 2\,(0 \le x \le 1)$

풀이 2.14

1. 주어진 식을 변형하면

$$\begin{aligned} y &= -2x^2 + 20x + 48 \\ &= -2\left(x^2 - 10x\right) + 48 \\ &= -2(x-5)^2 + 98 \end{aligned}$$

이므로 $2 \le x \le 10$에서 최댓값은 $x = 5$일 때 98이고, 최솟값은 $x = 10$일 때 48이다.

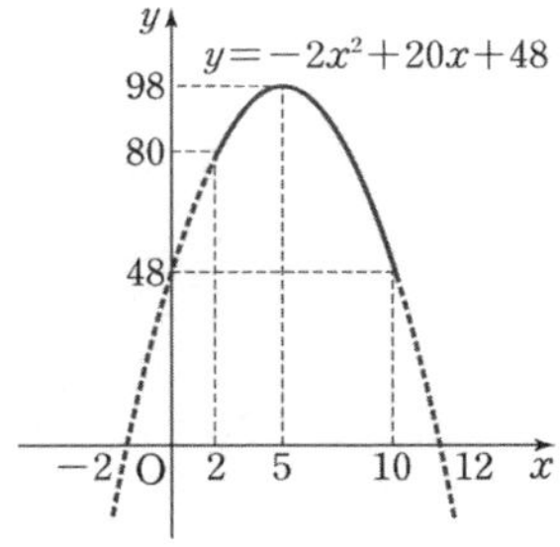

2. 주어진 식을 변형하면

$$\begin{aligned} y &= -x^2 + 4x + 2 \\ &= -\left(x^2 - 4x\right) + 2 \\ &= -(x-2)^2 + 6 \end{aligned}$$

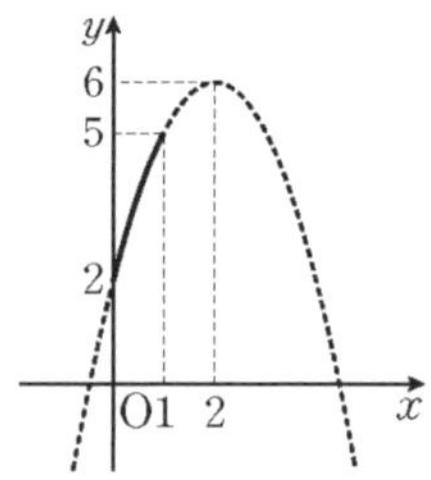

꼭짓점의 x좌표는 주어진 범위 $0 \le x \le 1$에 속하지 않는다. $x = 0$일 때 $y = 2$, $x = 1$일 때 $y = 5$이므로 최댓값은 5이고 최솟값은 2이다.

4. 이차함수의 그래프와 부등식

이차방정식 $ax^2 + bx + c = 0\ (a > 0)$의 판별식을 $D = b^2 - 4ac$라 하면

$D = b^2 - 4ac$	$D > 0$	$D = 0$	$D < 0$
$y = ax^2 + bx + c$ $(a > 0)$의 그래프	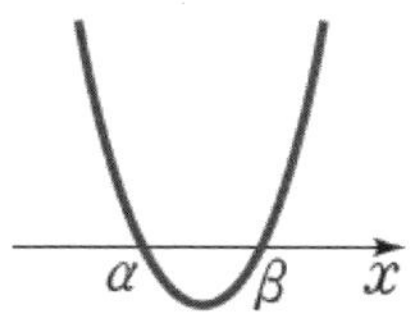	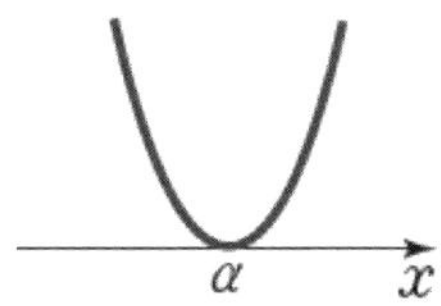	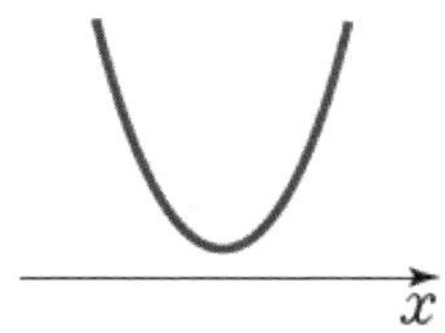
$ax^2 + bx + c > 0$	$x < \alpha$ 또는 $x > \beta$	$x \ne \alpha$인 모든 실수	모든 실수
$ax^2 + bx + c \ge 0$	$x \le \alpha$ 또는 $x \ge \beta$	모든 실수	모든 실수
$ax^2 + bx + c < 0$	$\alpha < x < \beta$	해는 없다	해는 없다
$ax^2 + bx + c \le 0$	$\alpha \le x \le \beta$	$x = \alpha$	해는 없다

문제 2.15

이차함수 $y = x^2 - (k+1)x + k^2$ 의 그래프가 x축과 서로 다른 두 점에서 만나도록 실수 k의 값의 범위를 구하여라.

풀이 2.15

이차함수 $y = x^2 - (k+1)x + k^2$ 의 그래프가 x축과 서로 다른 두 점에서 만나려면 이차방정식 $x^2 - (k+1)x + k^2 = 0$이 서로 다른 두 실근을 가져야 하므로 판별식 $D > 0$이다. 즉,

$$D = (-k-1)^2 - 4k^2 = -3k^2 + 2k + 1 > 0$$

이다. 따라서 $-\frac{1}{3} < k < 1$이다.

연습문제

1. 다음 이차함수의 꼭짓점과 대칭축을 구하고 그래프를 그려라.

   (a) $y = x^2 - 3$

   (b) $y = x^2 - 3x + 4$

   (c) $y = -x^2 + 4x - 5$

   (d) $y = 2x^2 - 8x + 6$

2. 주어진 범위에서 다음 이차함수의 최댓값과 최솟값을 구하여라.

   (a) $y = x^2 - 6x + 5\ (0 \le x \le 4)$

   (b) $y = -x^2 + 3x + 2\ (2 \le x \le 5)$

3. 이차함수 $y = x^2 + mx + n$의 그래프를 x축의 방향으로 1만큼, y축의 방향으로 2만큼 평행이동 하면 이차함수 $y = x^2 + 4x + 2$의 그래프와 일치할 때, 상수 m, n의 값을 구하여라.

4. 직선 $y = x - k$는 이차함수 $y = x^2 - x - 2$의 그래프와 서로 다른 두 점에서 만나고, 이차함수 $y = x^2 + 3x + 1$의 그래프와는 만나지 않는다. 이때 실수 k의 값의 범위를 구하여라.

5. 모든 실수 x에 대하여 이차부등식 $ax^2 - 2ax + 3 > 0\ (a \neq 0)$이 항상 성립하도록 실수 a 의 값의 범위를 정하여라.

2.3 유리함수와 무리함수

2.3.1 유리함수

1. 유리(분수)함수

함수 $y = f(x)$에서 $f(x)$가 x에 대한 유리식일 때, 이 함수를 <u>**유리함수**</u>라고 한다. 예를 들어 함수 $y = \dfrac{1}{x-1}$, $y = \dfrac{x+2}{2x+1}$는 모두 유리함수이다. 유리함수에서 정의역이 제시되지 않는 경우는 분모를 0으로 하는 x의 값을 제외한 실수 전체의 집합을 정의역으로 생각한다. 예를 들어, 함수 $y = \dfrac{1}{x-1}$의 정의역은 $x \neq 1$인 실수이다. 유리함수 $y = \dfrac{1}{x}$ 그래프 위의 점은 x의 절댓값이 커질수록 x축에 한없이 가까워지고, x의 절댓값이 작아질수록 y축에 한없이 가까워진다. 이때 x축, y축과 같이 곡선 위의 점이 한없이 가까워지는 직선을 그 곡선의 점근선이라고 한다.

2. 유리함수의 그래프

정리 2.7

유리함수 $y = \dfrac{k}{x}$ $(k \neq 0)$의 그래프의 성질

1. 정의역과 치역은 모두 0을 제외한 실수 전체의 집합이다.
2. $k > 0$이면 그래프는 제1, 3사분면에 있고, $k < 0$이면 그래프는 제2, 4사분면에 있다.
3. 원점과 직선 $y = x$, $y = -x$에 대하여 대칭인 곡선이다.
4. 점근선은 x축$(y = 0)$과 y축$(x = 0)$이다.
5. $|k|$의 값이 클수록 그래프는 원점에서 멀어진다.

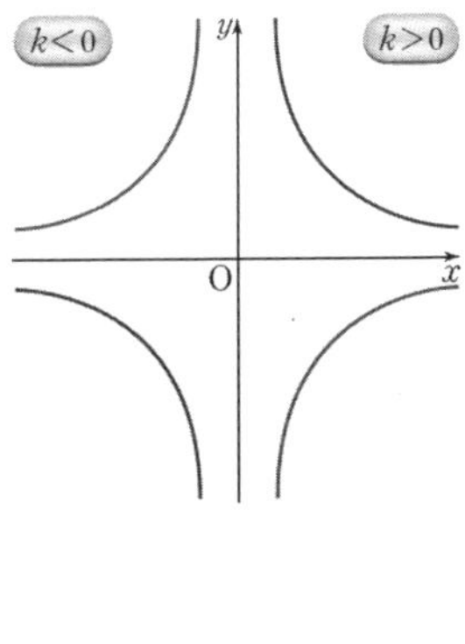

유리함수 $y=\dfrac{k}{x-p}+q\ (k\neq 0)$의 그래프는 함수 $y=\dfrac{k}{x}$의 그래프를 x축의 방향으로 p만큼, y축의 방향으로 q만큼 평행이동 한 것이다.

정리 2.8

유리함수 $y=\dfrac{k}{x-p}+q$의 그래프의 성질

1. 점근선의 방정식은 $x=p,\ y=q$이다.
2. 점 (p,q)에 대하여 대칭이다.
3. 정의역은 $\mathbb{R}-\{p\}$, 치역은$\mathbb{R}-\{q\}$이다.

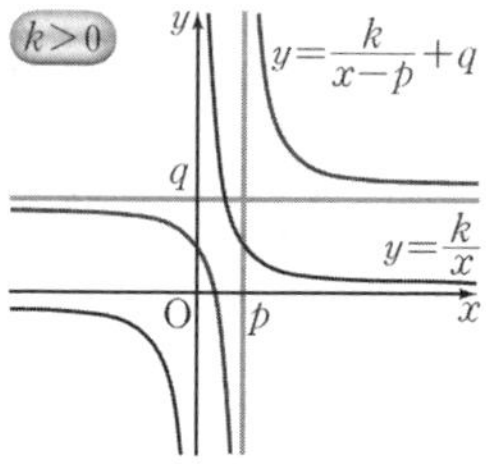

문제 2.16

함수 $y=\dfrac{1}{x+2}+1$의 그래프를 그리고, 점근선의 방정식을 구하여라.

풀이 2.16

함수 $y=\dfrac{1}{x+2}+1$의 그래프는 함수 $y=\dfrac{1}{x}$의 그래프를 x축의 방향으로 -2만큼, y축의 방향으로 1만큼 평행이동 한 것이므로 오른쪽 그림과 같다.

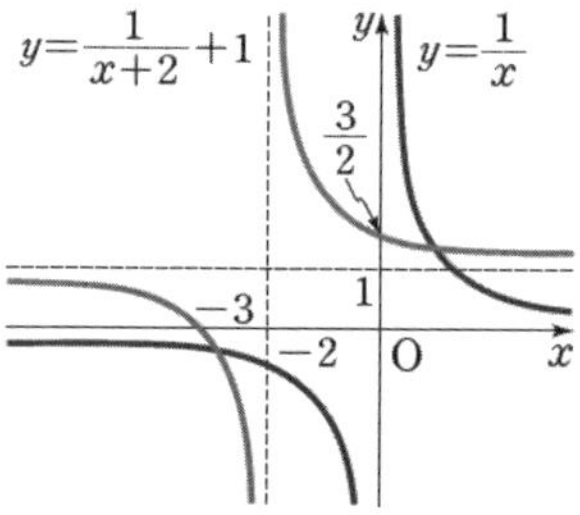

이때 점근선의 방정식은 $x=-2, y=1$이다.

문제 2.17

함수 $y=\dfrac{2x+1}{x+1}$ 의 그래프를 그리고, 점근선의 방정식을 구하여라.

풀이 2.17

주어진 함수를 $y = \dfrac{k}{x-p} + q$의 꼴로 고치면
$y=\dfrac{2x+1}{x+1}=\dfrac{2(x+1)-1}{x+1}=\dfrac{-1}{x+1}+2$
이므로

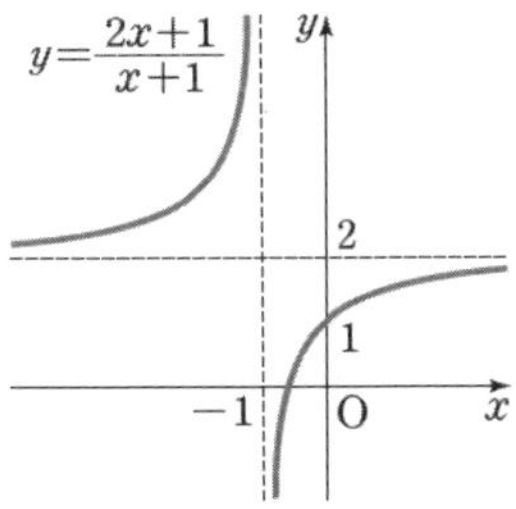

함수 $y = \dfrac{2x+1}{x+1}$ 의그래프는 함수 $y = -\dfrac{1}{x}$ 의 그래프를 x축의 방향으로 -1만큼, y축의 방향으로 2만큼 평행이동 한 것이므로 오른쪽 그림과 같다.

이때 점근선의 방정식은 $x=-1, y=2$이다.

연습문제

1. 다음 유리함수의 정의역과 치역, 점근선을 구하고 그래프를 그려라.

   (a) $y=\dfrac{x+3}{x+2}$ (b) $y=\dfrac{3x-4}{5x+1}$

   (c) $y=\dfrac{4x+5}{2x+3}$ (d) $y=\dfrac{6x-2}{2x-1}$

2. 유리함수 $y=\dfrac{ax+b}{x+c}$의 그래프가 오른쪽 그림과 같을 때, 세 실수 a, b, c의 값을 구하여라.

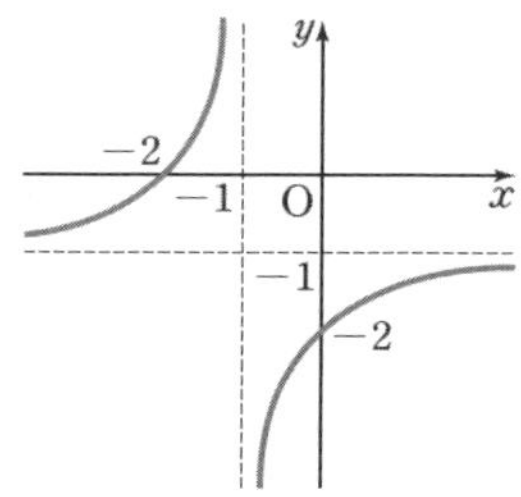

3. 함수 $y=\dfrac{2x+3}{x+1}$의 그래프를 x축의 방향으로 a만큼, y축의 방향으로 b만큼 평행이동하면 함수 $y=\dfrac{3x-2}{x-1}$의 그래프와 일치할 때, 상수 a, b의 값을 구하여라.

4. 함수 $f(x)=2+\dfrac{2}{x+2}$의 정의역이 $\{x|-1\le x\le 1\}$일 때, 함수 $f(x)$의 최댓값과 최솟값을 구하여라.

5. 함수 $f(x)=\dfrac{bx+c}{x+a}$의 역함수가 $f^{-1}(x)=\dfrac{2x+1}{x-3}$일 때, 상수 a, b, c에 대하여 $a+b+c$의 값을 구하시오.

2.3.2 무리함수

1. 무리함수

함수 $y = f(x)$에서 $f(x)$가 x에 대한 무리식일 때, 이 함수를 **무리함수**라고 한다.

예를 들어 함수 $y = \sqrt{x}$, $y = \sqrt{x-2}, y = \sqrt{1-x^2}$은 모두 무리함수이다. 일반적으로 무리함수 $y = f(x)$의 정의역이 제시되지 않은 경우에는 근호 안의 식의 값이 음이 아닌 실수가 되도록 하는 x값의 집합을 정의역으로 한다.

예를 들어, 무리함수 $y = \sqrt{x-2}$의 정의역은 $x - 2 \geq 0$에서 $\{x|x \geq 2\}$이다.

2. 무리함수 $y = \sqrt{ax}\ (a \neq 0)$의 그래프

성리 2.9

$y = \sqrt{ax}\ (a \neq 0)$의 그래프의 성질

1. $a > 0$일 때 정의역은 $\{x|x \geq 0\}$ 치역은 $\{y|y \geq 0\}$,
   $a < 0$일 때 정의역은 $\{x|x \leq 0\}$ 치역은 $\{y|y \geq 0\}$

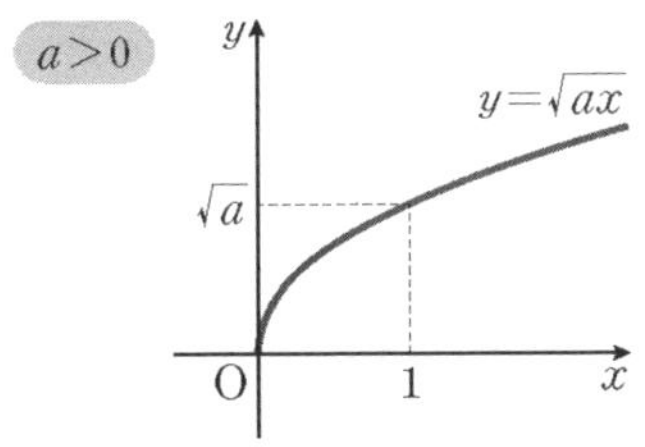

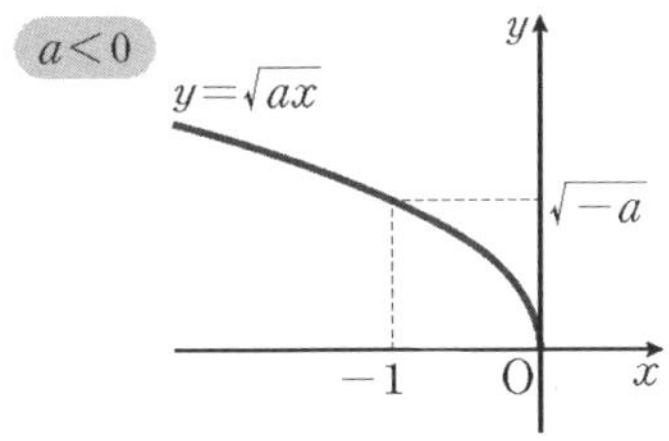

2. $|a|$가 커질수록 x축에서 멀어진다.

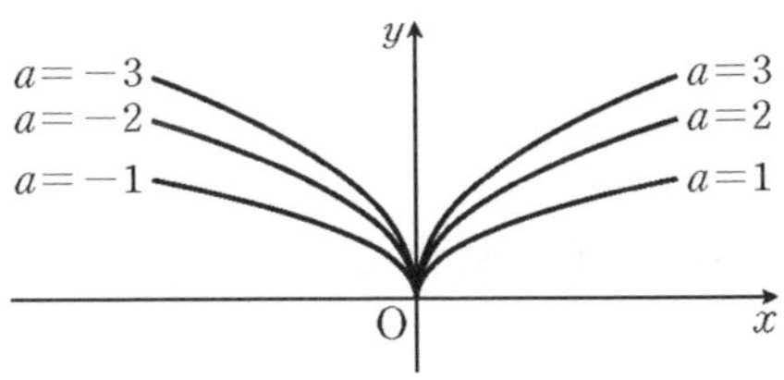

3. $y = -\sqrt{ax}$의 그래프는 $y = \sqrt{ax}$ 그래프의 x축 대칭 이동한 그래프이다.

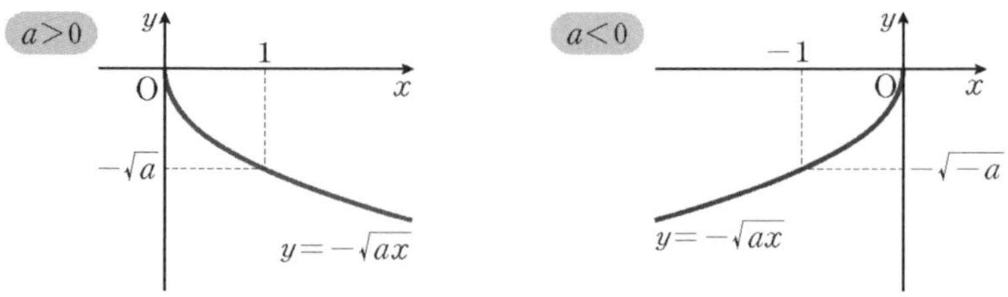

3. 무리함수 $y = \sqrt{a(x-p)} + q(a \neq 0)$의 그래프

일반적으로 무리함수 $y = \sqrt{a(x-p)} + q$ $(a \neq 0,\ p > 0,\ q > 0)$의 그래프는 함수 $y = \sqrt{ax}$ $(a \neq 0)$의 그래프를 x축의 방향으로 p만큼, y축의 방향으로 q만큼 평행이동한 것이다.

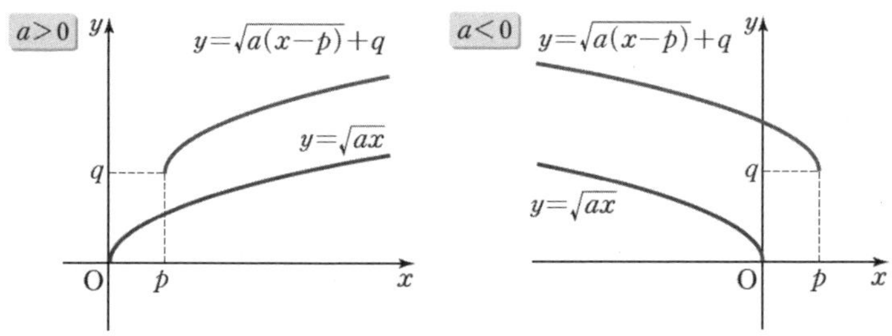

$a > 0$일 때 정의역은 $\{x | x \geq p\}$, 치역은 $\{y | y \geq q\}$

$a < 0$일 때 정의역은 $\{x | x \leq p\}$, 치역은 $\{y | y \geq q\}$

4. 무리함수 $y = \sqrt{ax+b} + c\,(a \neq 0)$의 그래프

무리함수 $y = \sqrt{ax+b} + c\,(a \neq 0)$의 그래프는 $y = \sqrt{a(x-p)} + q$의 꼴로 고쳐서 그린다. 즉, $y = \sqrt{ax+b} + c = \sqrt{a\left(x + \dfrac{b}{a}\right)} + c$이므로 $y = \sqrt{ax+b} + c$의 그래프는 $y = \sqrt{ax}$의 그래프를 x축의 방향으로 $-\dfrac{b}{a}$만큼, y축의 방향으로 c만큼 평행이동 한 것이다.

예를 들어 $a > 0, b > 0, c > 0$일 때,
무리함수 $y = \sqrt{ax + b} + c$의 그래프는 오른쪽 그림과 같은 모양이 된다.

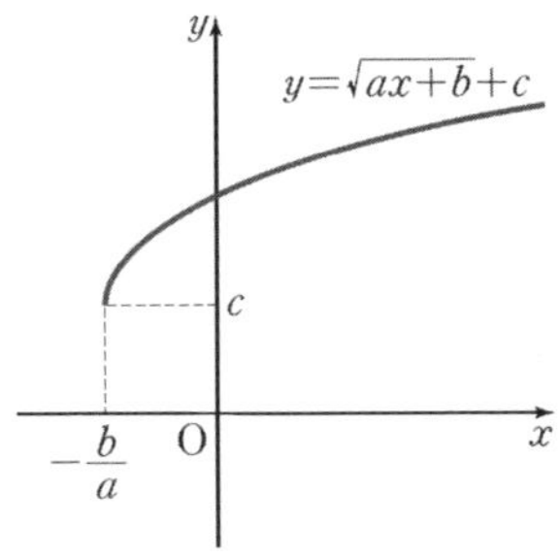

문제 2.18

무리함수 $y = \sqrt{2x-2} + 3$의 그래프를 그리고, 정의역과 치역을 구하여라.

풀이 2.18

주어진 무리함수를 $y = \sqrt{a(x-p)} + q$의 꼴로 고치면

$$y = \sqrt{2x-2} + 3 = \sqrt{2(x-1)} + 3$$

이므로 구하는 함수의 그래프는 함수 $y = \sqrt{2x}$의 그래프를 x축의 방향으로 1만큼, y축의 방향으로 3만큼 평행이동 한 것이다.

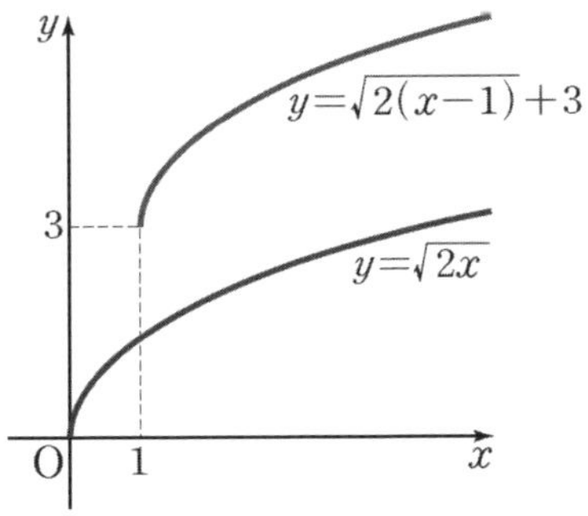

따라서 함수 $y = \sqrt{2x-2} + 3$의 그래프는 오른쪽 그림과 같다. 또한 정의역은 $2x - 2 \geq 0$에서 $\{x | x \geq 1\}$이고, 치역은 $\{y | y \geq 3\}$이다.

연습문제

1. 다음 무리함수의 정의역과 치역을 구하고 그래프를 그려라.

(a) $y = \sqrt{x-3}+2$ (b) $y = \sqrt{x-3}+2$

(c) $y = -\sqrt{2x-4}+1$ (d) $y = -\sqrt{2-2x}+2$

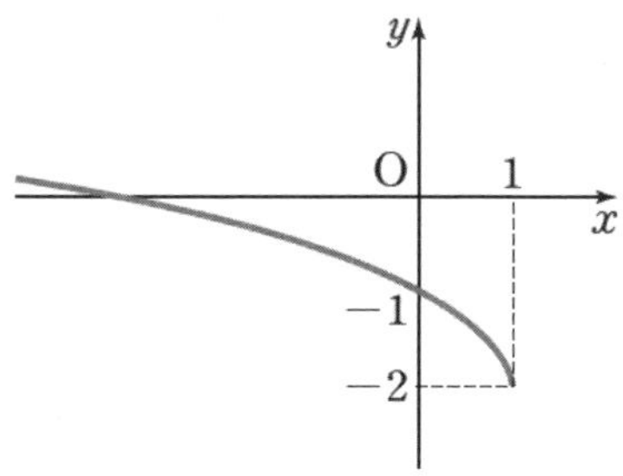

2. 무리함수 $y = \sqrt{ax+b}+c$의 그래프가 오른쪽 그림과 같을 때, 세 실수 a, b, c의 값을 구하여라.

3. 함수 $f(x) = \sqrt{ax+b}(a \neq 0)$에 대하여 f의 역함수를 g라고 하자. $f(1) = 3$, $g(1) = 3$일 때, 두 실수 a, b의 값을 구하여라.

4. $-3 \leq x \leq 0$에서 함수 $y = \sqrt{-x+1}+k$의 최솟값이 2일 때 상수 k의 값과 최댓값을 구하여라.

2.4 지수함수와 로그함수

2.4.1 지수함수

$a > 0, a \neq 1$ 일 때, $f : x \to a^x$ 인 f를 a를 밑으로 하는 **지수함수**라 하고 $f(x) = a^x$로 나타낸다. 지수함수의 정의역은 실수의 집합이고 치역은 양의 실수의 집합이다.

지수함수 $y = a^x (a > 0, a \neq 1)$의 그래프는 다음과 같음을 알 수 있다.

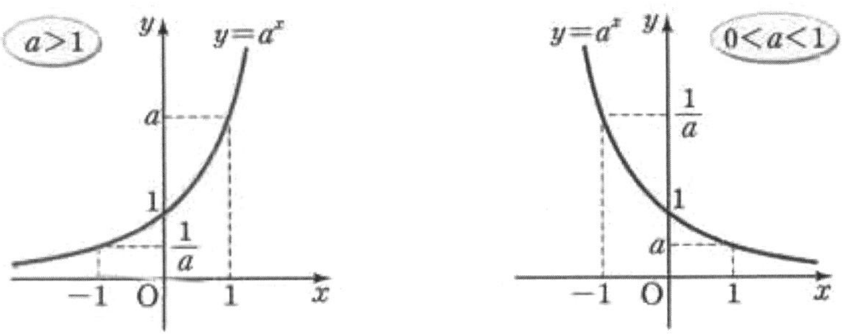

정리 2.10

지수함수 $y = a^x (a > 0, a \neq 1)$의 성질

1. 정의역은 실수 전체의 집합이고, 치역은 양의 실수 전체의 집합이다.
2. 그래프는 a의 값에 관계없이 항상 점 $(0, 1)$을 지나고, x축을 점근선으로 가진다.
3. $a > 1$일 때 증가함수, $0 < a < 1$일 때 감소함수이다.
4. $y = a^x$의 그래프와 $y = \left(\frac{1}{a}\right)^x$의 그래프는 y축에 대하여 서로 대칭이다.

문제 2.19

함수 $y = 2^{x-1} + 2$의 그래프를 그리고, 점근선을 구하여라.

풀이 2.19

함수 $y = 2^{x-1} + 2$의 그래프는 $y = 2^x$의 그래프를 x축의 방향으로 1만큼, y축의 방향으로 2만큼 평행이동 한 것이다.

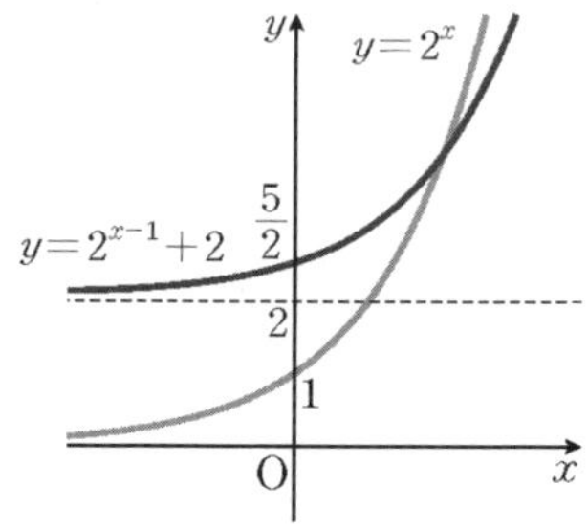

따라서 $y = 2^{x-1} + 2$의 그래프는 오른쪽 그림과 같고, 점근선은 직선 $y = 2$이다.

문제 2.20

정의역이 $\{x| -2 \leq x \leq 1\}$인 함수 $y = 3^{x+2} - 1$의 최댓값과 최솟값을 구하여라.

풀이 2.20

함수 $y = 3^{x+2} - 1$의 그래프는 x의 값이 증가하면 y의 값도 증가한다.

따라서 함수 $y = 3^{x+2} - 1$은

(a) $x = -2$ 일 때, 최솟값 $3^{-2+2} - 1 = 0$

(b) $x = 1$ 일 때, 최댓값 $3^{1+2} - 1 = 26$

문제 2.21

함수 $f(x) = 4^x + 4^{-x} - 2(2^x + 2^{-x}) - 1$의 치역을 구하여라.

풀이 2.21

$t = 2^x + 2^{-x}$라 하면 $t = 2^x + 2^{-x} \geq 2\sqrt{2^x 2^{-x}} \Leftrightarrow t \geq 2$

$$\begin{aligned} f(x) = 4^x + 4^{-x} - 2(2^x + 2^{-x}) - 1 \ \Leftrightarrow g(t) &= t^2 - 2 - 2t - 1 \\ &= t^2 - 2t - 3 \\ &= (t-1)^2 - 4 \end{aligned}$$

따라서 $g(t) \geq g(2) = -3$이므로 치역은 $\{y|y \geq -3\}$이다.

연습문제

1. 다음 각 함수의 그래프를 그리고 각 함수의 정의역, 치역, 점근선을 구하여라.

   (a) $f(x) = 2^x + 1$

   (b) $f(x) = 3\,(4^x)$

   (c) $f(x) = 3^{\frac{x}{2}}$

   (d) $f(x) = 5 - 2\left(3^{x+1}\right)$

2. 다음 지수함수의 최댓값과 최솟값을 각각 구하라.

   (a) $y = \left(\frac{1}{2}\right)^{x+2}$ (단, $-2 \le x \le 2$)

   (b) $y = \left(\frac{1}{9}\right)^{x} - \left(\frac{1}{3}\right)^{x} + 1$ (단, $-1 \le x \le 1$)

   (c) $y = \left(\frac{1}{2}\right)^{x^2-2x+3}$ (단, $-1 \le x \le 2$)

3. $-1 \le x \le 2$에서 함수 $f(x) = \left(\frac{1}{3}\right)^{x-a} + b$의 최댓값이 56, 최솟값이 4일 때, 두 상수 a, b에 대하여 3^{ab}의 값을 구하여라.

2.4.2 로그함수

지수함수 $y = a^x\,(a > 0, a \neq 1)$은 정의역이 실수의 집합이고 치역이 양의 실수 집합인 일대일대응이다. 그러므로 이 지수함수의 역함수가 존재한다.

지수함수 $y = a^x$의 역함수를 구하면, 로그의 정의에 의하여 $x = \log_a y$이고 x와 y를 바꾸어 쓰면 $y = \log_a x$이다.

지수함수 $y = a^x$의 역함수 $y = \log_a x$를 a를 밑으로 하는 로그함수(**logarithmic function**)라 한다.

정의 2.4 로그함수의 정의

집합 $A = \{x|x > 0\}$을 정의역으로 하고, 실수 전체 집합 $\mathbb{R}$을 공역으로 하는 함수 $f : A \to \mathbb{R}$ 이고 $f(x) = \log_a x$ (단, $a > 0, a \neq 1$)를 로그함수라 한다.

문제 2.22

다음의 함수의 역함수를 구하여라.

1. $y = 3 \times 2^{x-1} + 1$
2. $y = \log_2(x-1)$ (단, $x > 1$)

풀이 2.22

1. $y = 3 \times 2^{x-1} + 1 \quad \Leftrightarrow x = 3 \times 2^{y-1} + 1 \Leftrightarrow 3 \times 2^{y-1} = x - 1$

$$\Leftrightarrow 2^{y-1} = \frac{x-1}{3} \Leftrightarrow y - 1 = \log_2 \frac{x-1}{3}$$

$$\therefore y = \log_2 \frac{x-1}{3} + 1$$

2. $y = \log_2(x-1)$ (단, $x > 1$) $\quad \Leftrightarrow x = \log_2(y-1)$

$$\Leftrightarrow y - 1 = 2^x$$

$$\therefore y = 2^x + 1$$

문제 2.23

로그함수가 정의되기 위한 x의 범위를 구하여라.

1. $y = \log_3(2x-1)$
2. $y = \log_2 x(x-1)$

풀이 2.23

1. $y = \log_3(2x-1)$가 정의되기 위해서는 진수가 양의 값을 가져야 하므로

$$2x - 1 > 0 \Rightarrow \therefore x > \frac{1}{2}$$

2. $y = \log_2 x(x-1)$ 가 정의되기 위해서는 진수가 양의 값을 가져야 하므로

$$x(x-1) > 0 \Rightarrow \therefore x > 1 \text{ 또는 } x < 0$$

로그함수 $y = \log_a x\ (a > 0, a \neq 1)$의 그래프는 다음과 같음을 알 수 있다.

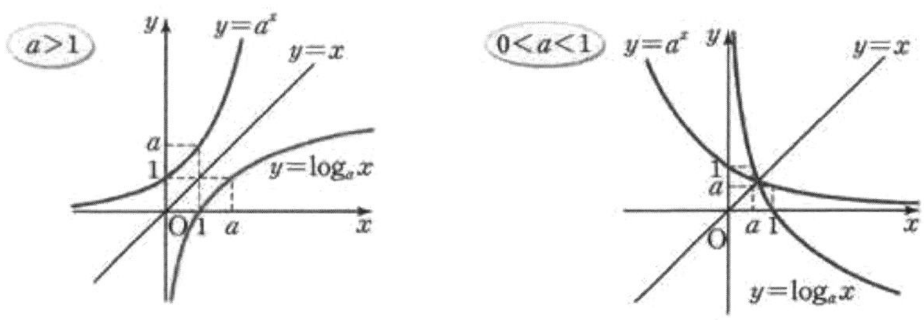

정리 2.11

로그함수 $y = \log_a x\ (a > 0, a \neq 1)$의 성질

1. 지수함수 $y = a^x\ (a > 0, a \neq 1)$의 그래프와 $y = x$에 대하여 대칭이다.
2. 정의역은 양의 실수 전체의 집합이고, 치역은 실수 전체의 집합이다.
3. $a > 1$일 때 증가함수, $0 < a < 1$일 때 감소함수이다.
4. a의 값에 관계없이 항상 점 $(1, 0)$을 지나고, y축을 점근선으로 가진다.

5. $y = \log_a x$의 그래프와 $y = \log_{\frac{1}{a}} x$의 그래프는 x축에 대하여 대칭이다.

문제 2.24

다음 함수의 정의역이 $\frac{1}{2} \le x \le 4$일 때, 치역을 각각 구하여라.

1. $f(x) = \log_{\frac{1}{2}} x$
2. $f(x) = \log_2 x$

풀이 2.24

1. $f(x) = \log_{\frac{1}{2}} x$는 감소함수이므로

$$f(\frac{1}{2}) \ge f(x) \ge f(4) \quad \Leftrightarrow \log_{\frac{1}{2}} \frac{1}{2} \ge f(x) \ge \log_{\frac{1}{2}} 4$$

$$\Leftrightarrow 1 \ge f(x) \ge -2$$

$$\therefore \text{치역} = \{y | -2 \le y \le 1\}$$

2. $f(x) = \log_2 x$는 증가함수이므로

$$f(\frac{1}{2}) \le f(x) \le f(4) \quad \Leftrightarrow \log_2 \frac{1}{2} \le f(x) \le \log_2 4$$

$$\Leftrightarrow -1 \le f(x) \le 2$$

$$\therefore \text{치역} = \{y | -1 \le y \le 2\}$$

문제 2.25

정의역이 $\{x | 3 \leq x \leq 9\}$인 함수 $y = \log_3 x - 1$의 최댓값과 최솟값을 구하여라.

풀이 2.25

함수 $y = \log_3 x - 1$의 그래프는 x의 값이 증가하면 y의 값도 증가한다.
따라서 함수 $y = \log_3 x - 1$은

$$x = 3\text{일 때, 최솟값 } \log_3 3 - 1 = 1 - 1 = 0$$
$$x = 9\text{일 때, 최댓값 } \log_3 9 - 1 = 2 - 1 = 1$$

이다.

연습문제

1. 다음 각 함수의 그래프를 그리고 각 함수의 정의역, 치역, 점근선을 구하여라.

   (a) $f(x) = \log(x-4)$　　(b) $f(x) = 3\log(x-1)$

   (c) $f(x) = \log_2(-2x)$　　(d) $f(x) = 3 + \log_2(x-2)$

2. 로그함수 $y = \log_2\left(x + \sqrt{x^2-4}\right) - 1$ (단, $x \geq 2$)의 역함수를 구하여라.

3. 함수 $f(x) = \log_3(x^3+1)$에 대하여 함수 $g(x)$가 $(g \circ f)(x) = x$를 만족시킬 때, $(g \circ g \circ g)(2)$의 값을 구하여라.

4. $10^n \leq x \leq 10^{n+1}$일 때, $f(x) = \log_{\frac{1}{100}} x$의 범위를 구하여라.

5. $y = \log_2 4(x+2)$의 그래프를 그리고, 그래프가 x축, y축과 만나는 점과 원점을 꼭짓점으로 하는 삼각형의 넓이를 구하여라.

2.5 삼각함수

2.5.1 일반각과 삼각비

1. 일반각

평면 위의 반직선 $\overrightarrow{OP}$가 점 O를 중심으로 고정된 반직선 $\overrightarrow{OX}$에서부터 회전한다고 하자. 이때, 반직선 OX를 **시초선(initial ray)**, 회전하는 반직선 OP를 **동경(radius vector)** 이라 하고, 동경 OP가 회전하는 방향은, 시계의 회전 방향과 반대 방향을 양의 방향, 같은 방향을 음의 방향이라 하며, 각으로 나타낼 때는 양의 방향의 각은 '+' 부호를 붙이고 음의 방향의 각에 '−'부호를 붙여 각각 **음의 각(negative angle)**, **양의 각(positive angle)** 이라 한다. 일반적으로 양의 각의 '+'는 생략한다.

시초선 OX와 동경 OP가 나타내는 한 각의 크기를 $\alpha°$라 하면 $\angle XOP$의 크기는

$$360° \times n + \alpha° (n\text{은 정수})$$

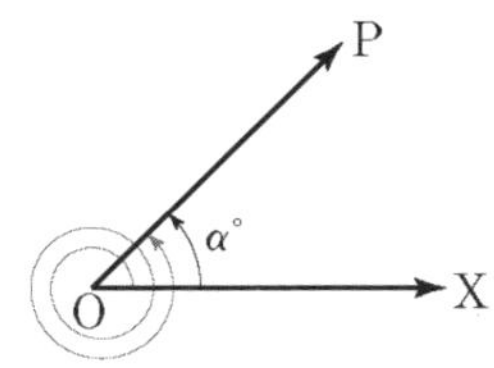

의 꼴로 나타낼 수 있다. 이것을 동경 OP가 나타내는 **일반각**이라고 한다.

정수 n의 값에 관계없이 $\alpha°$가 나타내는 동경 OP의 위치는 같고, $\alpha°$는 보통 $0 \leq \alpha° < 360°$ 또는 $-180° < \alpha° \leq 180°$이다.

각의 크기를 나타낼 때 원의 둘레를 360등분하여 각호에 대한 중심각의 크기를 1도 (°), 1도의 $\frac{1}{60}$을 1분 (′), 1분의 $\frac{1}{60}$을 1초 (″)로 정의하여 각의 크기를 나타내는 방법을 **육십분법**이라 한다.

육십분법과 달리 호의 길이와 중심각의 크기 사이의 관계를 이용하여 각의 크기를 나타내는 방법을 호도법이라 한다. 즉, 반지름의 길이 r과 호 AB의 길이가 같을 때 호 AB에 대한 중심각 $\angle AOB$의 크기를 1**라디안(radian)** 이라 하고 이것을 단위로 하여 각의 크기를 나타내는 방법을 **호도법**이라 한다.

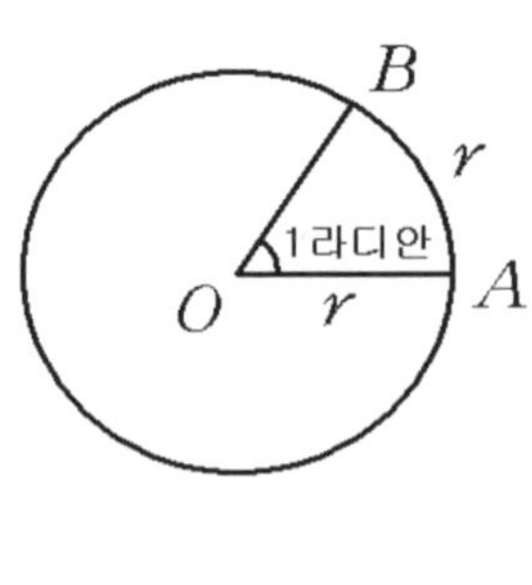

<육십분법과 호도법의 관계>

호의 길이는 중심각의 크기에 정비례하므로

$$r : 2\pi r = \alpha^\circ : 360^\circ, \text{ 즉 } \alpha^\circ = \frac{180^\circ}{\pi}$$

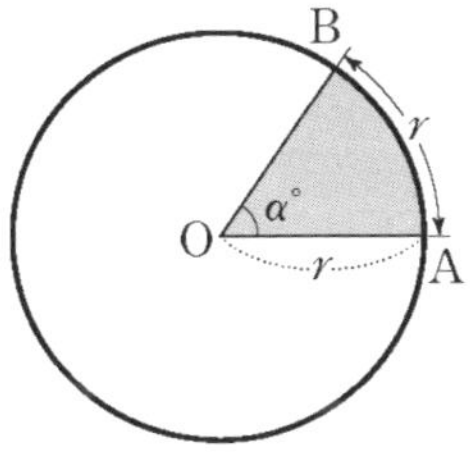

여기서 $\frac{180^\circ}{\pi}$는 반지름의 길이 r에 관계없이 항상 일성하다. 이 일정한 각의 크기 $\frac{180^\circ}{\pi}$를 1**라디안**이라 한다. 즉,

$$1\text{라디안} = \frac{180^\circ}{\pi},\ 1^\circ = \frac{\pi}{180}\ \text{라디안}$$

따라서 호도법과 육십분법 사이에는 다음과 같은 관계가 있다.

정리 2.12

호도법과 육십분법

$$1\text{라디안} = \frac{180^\circ}{\pi}, \quad 1^\circ = \frac{\pi}{180}\ \text{라디안}, \quad \pi\ \text{라디안} = 180^\circ$$

60분법 각을 호도법으로 고칠 때 → $\frac{\pi}{180} \times (60\text{분법의각})$

호도법을 60분법 각으로 고칠 때 → $\frac{180^\circ}{\pi} \times (\text{호도법의각})$

예를 들면

1. $135^\circ = 135 \times 1^\circ = 135 \times \frac{\pi}{180}$ (라디안)$= \frac{3\pi}{4}$
2. $\frac{2}{3}\pi = \frac{2}{3}\pi \times 1$ (라디안)$= \frac{2}{3}\pi \times \frac{180^\circ}{\pi} = 120^\circ$

문제 2.26

다음 각에 대하여 호도법은 육십분법으로 육십분법은 호도법으로 고쳐라.

1. π 2. 30° 3. $\frac{\pi}{2}$ 4. -120°

풀이 2.26

1. $\pi = \pi \times \frac{180^\circ}{\pi} = 180^\circ$
2. $30^\circ = 30 \times \frac{\pi}{180} = \frac{\pi}{6}$
3. $\frac{\pi}{2} = \frac{\pi}{2} \times \frac{180^\circ}{\pi} = 90^\circ$
4. $-120^\circ = -120 \times \frac{\pi}{180} = -\frac{2}{3}\pi$

2. 삼각비

$\angle C = \frac{\pi}{2}$ 인 직각삼각형 ABC 에서, 다음과 같이 정의한 여섯 개의 비의 값은 직각삼각형 ABC 의 크기와 관계없이 $\angle B$ 의 크기만으로 정해진다. 이를 총칭하여 <u>**삼각비**</u>라 하고 각각 $\angle B$ 의 **sin(sine)**, **cos(cosine)**, **tan(tangent)**, **csc(cosecant)**, **sec(secant)**, **cot(cotangent)** 라 한다.

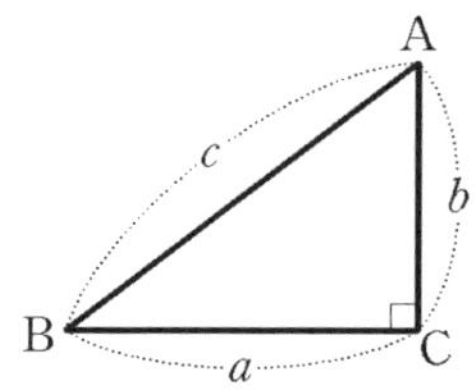

$$\sin B = \frac{b}{c},\ \cos B = \frac{a}{c},\ \tan B = \frac{b}{a}$$
$$\csc B = \frac{c}{b},\ \sec B = \frac{c}{a},\ \cot B = \frac{a}{b}$$

특수각의 삼각비 값

A \ 삼각비	$0°$	$30°$	$45°$	$60°$	$90°$
$\sin A$	0	$\frac{1}{2}$	$\frac{1}{\sqrt{2}}$	$\frac{\sqrt{3}}{2}$	1
$\cos A$	1	$\frac{\sqrt{3}}{2}$	$\frac{1}{\sqrt{2}}$	$\frac{1}{2}$	0
$\tan A$	0	$\frac{1}{\sqrt{3}}$	1	$\sqrt{3}$	∞

연습문제

1. 다음에서 호도법은 육십분법으로, 육십분법은 호도법으로 나타내어라.

   (a) $18°$ (b) $75°$

   (c) $45°30'$ (d) $\frac{7}{12}\pi$

   (e) $\frac{11}{9}\pi$ (f) $\frac{7}{4}\pi$

2. 다음 각의 동경이 나타내는 일반각을 $2n\pi+\theta$의 꼴로 나타내시오. (단, n은 정수이고, $0 \leq\theta< 2\pi$이다.)

   (a) 9π (b) $\frac{15}{2}\pi$

   (c) $-\frac{5}{3}\pi$ (d) $-\frac{13}{5}\pi$

3. $\frac{\pi}{2} < \theta < \pi$ 이고, 각 θ를 나타내는 동경과 각 4θ를 나타내는 동경이 일치할 때, 각 θ의 크기를 구하시오.

2.5.2 삼각함수의 정의와 성질

삼각비의 개념을 확장한 것이 삼각함수이다. 원점을 중심으로 하고 반지름의 길이가 r인 원 위의 점 $\mathbf{P}(x,y)$에 대하여 동경 OP가 나타내는 일반각 중 하나의 크기를 θ라 할 때, 다음 여섯 개의 비의 값은 r과는 관계없이 θ의 값에 따라 각각 하나씩 정해진다.

실수 θ와 비의 값 사이의 대응 관계를 각각 **sine, cosine, tangent, cosecant, secant, cotangent** 함수라 하며 총칭해서 <u>삼각함수</u>라 한다.

정의 2.5 삼각함수의 정의

$$\sin\theta = \frac{y}{r} \quad \cos\theta = \frac{x}{r} \quad \tan\theta = \frac{y}{x}$$

$$\csc\theta = \frac{r}{y} \quad \sec\theta = \frac{r}{x} \quad \cot\theta = \frac{x}{y}$$

(단, $x \neq 0, y \neq 0$)

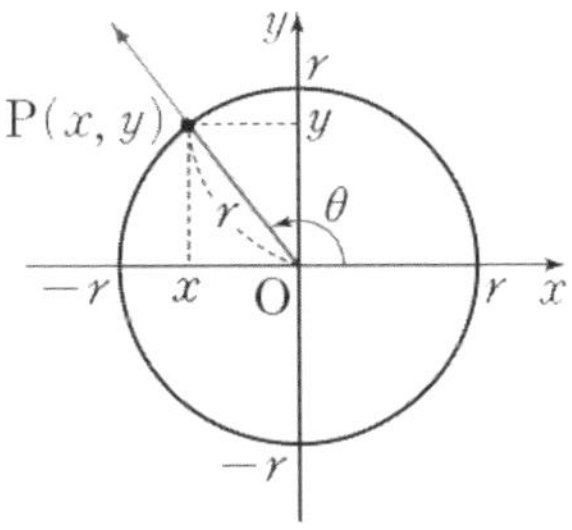

삼각함수의 값의 부호는 각 θ를 나타내는 동경 OP가 몇 사분면에 위치하는지에 따라서 결정된다.

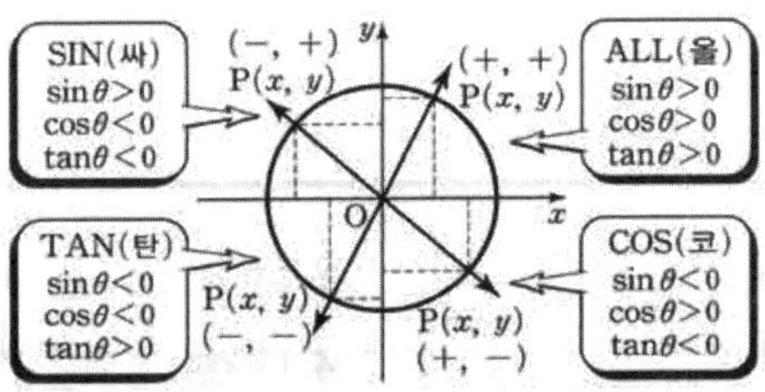

θ의 사분면	sin θ, csc θ	cos θ, sec θ	tan θ, cot θ
제1사분면	양	양	양
제2사분면	양	음	음
제3사분면	음	음	양
제4사분면	음	양	음

문제 2.27

원점과 점 $P(-4,-3)$을 맺는 선분을 동경으로 하는 각을 θ라 할 때 $\sin\theta$, $\cos\theta$, $\tan\theta$를 구하여라.

풀이 2.27

$r=\sqrt{(-4)^2+(-3)^2}=\sqrt{25}=5$이므로

$$\sin\theta=-\frac{3}{5},\quad \cos\theta=-\frac{4}{5},\quad \tan\theta=\frac{3}{4}$$

이다.

문제 2.28

$\sin\theta\tan\theta<0$, $\sin\theta\cos\theta>0$일 때 θ는 몇 사분면의 각인가?

풀이 2.28

$\sin\theta\tan\theta<0$에서 $\sin\theta$와 $\tan\theta$는 다른 부호이므로 θ는 제2사분면 또는 제3사분면의 각이다. 또 $\sin\theta\cos\theta>0$에서 $\sin\theta$와 $\cos\theta$는 같은 부호이므로 θ는 제1사분면 또는 제3사분면의 각이다. 따라서 θ는 제3사분면의 각이다.

삼각함수 사이의 관계를 정리하면 다음과 같다.

정리 2.13

삼각함수의 기본 성질

$$\sin^2\theta+\cos^2\theta=1 \qquad 1+\tan^2\theta=\sec^2\theta$$

$$1+\cot^2\theta=\csc^2\theta \qquad \tan\theta=\frac{\sin\theta}{\cos\theta}$$

문제 2.29

$\sin\theta = -\frac{4}{5}$이고 $\cos\theta < 0$일 때, $\cos\theta + \tan\theta$의 값을 구하여라.

풀이 2.29

$\sin\theta < 0,\ \cos\theta < 0$이므로 θ는 제3사분면의 각이다. $\sin\theta = -\frac{4}{5}$이므로 $\sin^2\theta + \cos^2\theta = 1$에서 $\cos^2\theta = 1 - \sin^2\theta = 1 - \left(-\frac{4}{5}\right)^2 = \frac{9}{25}$이다. 각 θ는 제3사분면의 각이므로 $\cos\theta = -\frac{3}{5}$이고 $\tan\theta = \frac{\sin\theta}{\cos\theta} = \frac{-\frac{4}{5}}{-\frac{3}{5}} = \frac{4}{3}$이다. 따라서 $\cos\theta + \tan\theta = -\frac{3}{5} + \frac{4}{3} = \frac{11}{15}$이다.

각의 크기가 $-\theta,\ 2n\pi \pm \theta,\ \frac{\pi}{2} \pm \theta,\ \pi \pm \theta,\ \frac{3}{2}\pi \pm \theta$일 때, 삼각함수의 성질은 다음과 같다.

정리 2.14

일반각에 대한 삼각함수의 성질

1. $-\theta$의 삼각함수

$$\sin(-\theta) = -\sin\theta,\ \cos(-\theta) = \cos\theta,\ \tan(-\theta) = -\tan\theta$$

2. $2n\pi \pm \theta$의 삼각함수 (단, n은 정수)

$$\sin(2n\pi + \theta) = \sin\theta, \cos(2n\pi + \theta) = \cos\theta, \tan(2n\pi + \theta) = \tan\theta$$
$$\sin(2n\pi - \theta) = -\sin\theta, \cos(2n\pi - \theta) = \cos\theta, \tan(2n\pi - \theta) = -\tan\theta$$

3. $\frac{\pi}{2} \pm \theta$의 삼각함수

$$\sin\left(\frac{\pi}{2} + \theta\right) = \cos\theta, \cos\left(\frac{\pi}{2} + \theta\right) = -\sin\theta, \tan\left(\frac{\pi}{2} + \theta\right) = -\cot\theta$$
$$\sin\left(\frac{\pi}{2} - \theta\right) = \cos\theta, \cos\left(\frac{\pi}{2} - \theta\right) = \sin\theta, \tan\left(\frac{\pi}{2} - \theta\right) = \cot\theta$$

4. $\pi \pm \theta$의 삼각함수

$$\sin(\pi+\theta) = -\sin\theta, \cos(\pi+\theta) = -\cos\theta, \tan(\pi+\theta) = \tan\theta$$

$$\sin(\pi-\theta) = \sin\theta, \cos(\pi-\theta) = -\cos\theta, \tan(\pi-\theta) = -\tan\theta$$

5. $\frac{3}{2}\pi \pm \theta$의 삼각함수

$$\sin\left(\frac{3\pi}{2}+\theta\right) = -\cos\theta, \cos\left(\frac{3\pi}{2}+\theta\right) = \sin\theta, \tan\left(\frac{3\pi}{2}+\theta\right) = -\cot\theta$$
$$\sin\left(\frac{3\pi}{2}-\theta\right) = -\cos\theta, \cos\left(\frac{3\pi}{2}-\theta\right) = -\sin\theta, \tan\left(\frac{3\pi}{2}-\theta\right) = \cot\theta$$

문제 2.30

다음 각 값을 구하여라.

1. $\cos 120°$ 2. $\sin 225°$ 3. $\tan 300°$

풀이 2.30

1. $\cos 120° = \cos(180° - 60°) = -\cos 60° = -\frac{1}{2}$
2. $\sin 225° = \sin(180° + 45°) = -\sin 45° = -\frac{\sqrt{2}}{2}$
3. $\tan 300° = \tan(360° - 60°) = \tan(-60°) = -\tan 60° = -\sqrt{3}$

연습문제

1. 원점과 점 P$(1, -2)$를 이은 선분을 동경으로 하는 각을 θ라 하여 $\sqrt{5}\cos\theta - \tan\theta$의 값을 구하여라.

2. 다음의 θ에 대하여 $\sin\theta$, $\cos\theta$, $\tan\theta$값을 구하여라.

   (a) $\theta = \dfrac{5\pi}{6}$

   (b) $\theta = -\dfrac{23\pi}{4}$

   (c) $\theta = \dfrac{34\pi}{3}$

   (d) $\theta = -\dfrac{17\pi}{6}$

3. θ가 제4사분면의 각이고 $\sin\theta\cos\theta = \dfrac{3}{8}$일 때 $\sin\theta - \cos\theta$의 값을 구하여라.

4. 식 $\sin\left(\dfrac{\pi}{2}+\theta\right)\cos(\pi-\theta)+\cos\left(\dfrac{\pi}{2}+\theta\right)\sin\theta$을 간단히 하여라.

5. $\sin\theta - \cos\theta = -\dfrac{3}{\sqrt{5}}$일 때 $\sin^3\theta + \cos^3\theta$의 값을 구하여라.

6. $\sin^2 1° + \sin^2 2° + \sin^2 3° + \cdots + \sin^2 88° + \sin^2 89°$ 의 값을 구하여라.

2.5.3 삼각함수의 그래프

함수 $f(x)$의 정의역에 속하는 임의의 원소 x에 대하여

$$f(x+p)=f(x)$$

를 만족하는 0이 아닌 상수 p가 존재할 때 함수 $f(x)$를 주기함수(**periodic function**)라 한다. 이러한 p중에서 최소인 양수를 주기(**period**)라 한다.

삼각함수 $y=\sin x$, $y=\cos x$, $y=\tan x$에서 정수 n에 대하여

$$\sin(x+2n\pi)=\sin x,\ \cos(x+2n\pi)=\cos x,\ \tan(x+n\pi)=\tan x$$

이고 $2n\pi$중에서 최소의 양수는 2π, $n\pi$중에서 최소의 양수는 π이다. 그러므로 이 삼각함수는 다음과 같이 정리할 수 있다.

1. $y=\sin x$, $y=\cos x$는 주기가 2π인 주기함수,
2. $y=\tan x$는 주기가 π인 주기함수

삼각함수 $y=\sin x$, $y=\cos x$, $y=\tan x$의 그래프와 성질을 정리하면 각각 다음과 같다.

오른쪽 그림과 같이 각 θ를 나타내는 동경과 단위원의 교점을 $P(x,y)$라고 하면

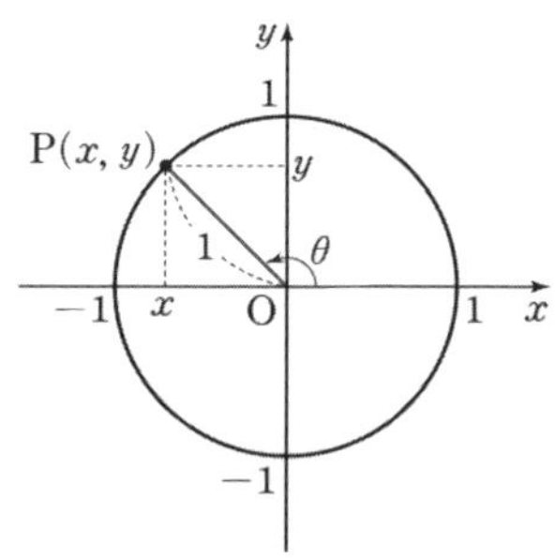

$$\sin\theta=\frac{y}{1}=y$$

이므로 θ의 값이 변할 때, $\sin\theta$의 값은 점 P의 y좌표로 정해진다.

따라서 θ의 값을 가로축에, $\sin\theta$의 값을 세로축에 나타내어 사인함수 $y=\sin\theta$의 그래프를 그리면 다음과 같다.

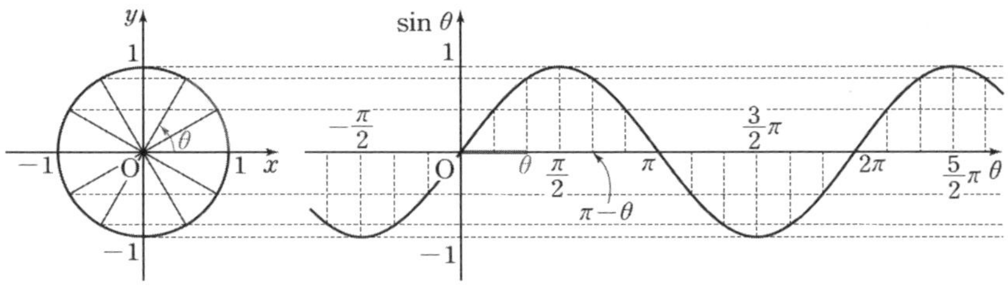

정리 2.15

$y = \sin x$ **의 그래프의 성질**

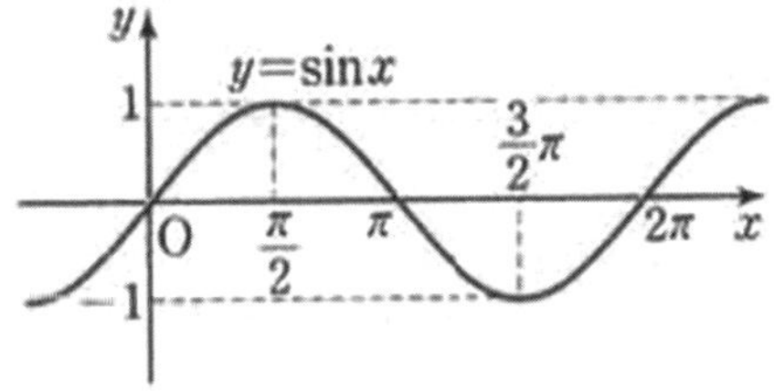

1. 정의역: 실수 전체 집합,
   치역: $\{y| -1 \leq y \leq 1\}$
2. 원점에 관하여 대칭(기함수)
3. 주기가 2π 인 주기함수

오른쪽 그림과 같이 각 θ를 나타내는 동경과 단위원의 교점을 $P(x, y)$라고 하면

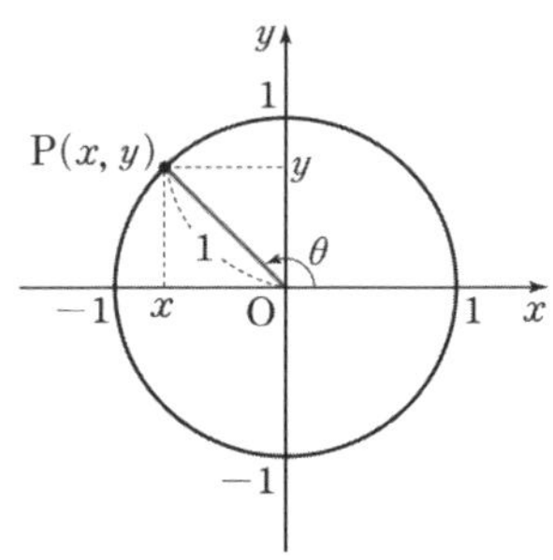

$$\cos\theta = \frac{x}{1} = x$$

이므로 θ의 값이 변할 때, $\cos\theta$의 값은 점 P의 x 좌표로 정해진다.

따라서 θ의 값을 가로축에, $\cos\theta$의 값을 세로축에 나타내어 코사인함수 $y = \cos\theta$의 그래프를 그리면 다음과 같다.

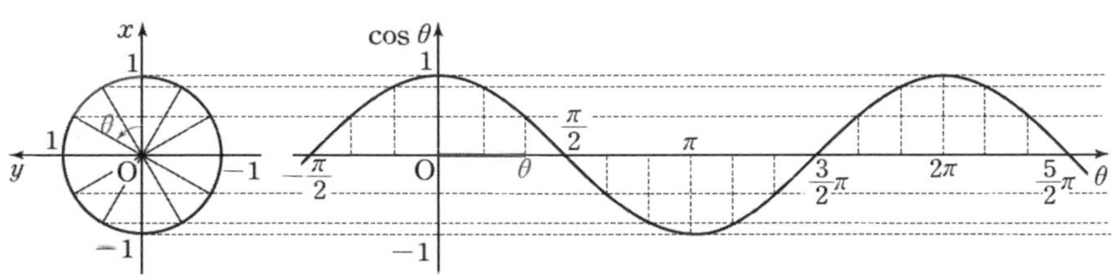

정리 2.16

$y = \cos x$ **의 그래프의 성질**

1. 정의역 : 실수 전체 집합,
   치역 : $\{y| -1 \leq y \leq 1\}$
2. y축에 관하여 대칭(우함수)
3. 주기가 2π인 주기함수

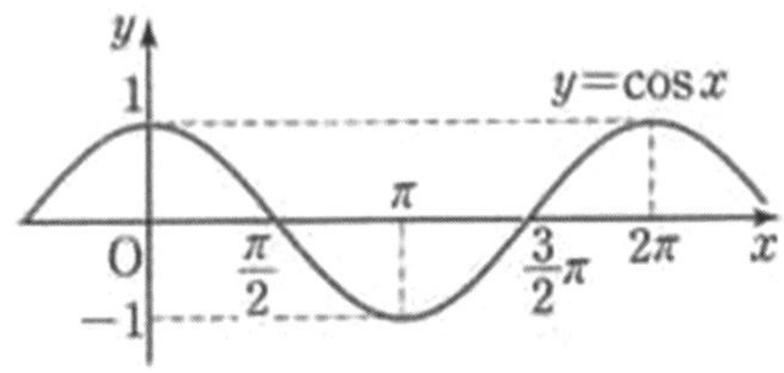

문제 2.31

함수 $y = 2\cos x$의 최댓값과 최솟값을 구하여라.

풀이 2.31

$y = 2\cos x$의 그래프는 임의의 x에 대하여 $\cos x$의 값의 2배이다.

즉, $-1 \leq \cos x \leq 1$이므로 $-2 \leq 2\cos x \leq 2$이다.

따라서 최댓값은 2, 최솟값은-2이다.

문제 2.32

다음 삼각함수의 주기와 치역을 각각 구하라.

1. $y = \frac{1}{2}\sin\left(2x - \frac{\pi}{4}\right)$
2. $y = 3\cos\left(3x + \frac{\pi}{6}\right) - 1$

풀이 2.32

1. 주기$= \frac{2\pi}{2} = \pi$, 치역$= \left\{y| -\frac{1}{2} \leq y \leq \frac{1}{2}\right\}$
2. 주기$= \frac{2\pi}{3}$, 치역$= \{y| -4 \leq y \leq 2\}$

오른쪽 그림과 같이 각 θ를 나타내는 동경과 단위원의 교점을 $P(x,y)$라 하고, 단위원 위의 점 $A(1,0)$에서의 접선과 동경OP가 만나는 점을 $T(1,t)$라고 하면

$$\tan\theta = \frac{y}{x} = \frac{t}{1} = t$$

이다.

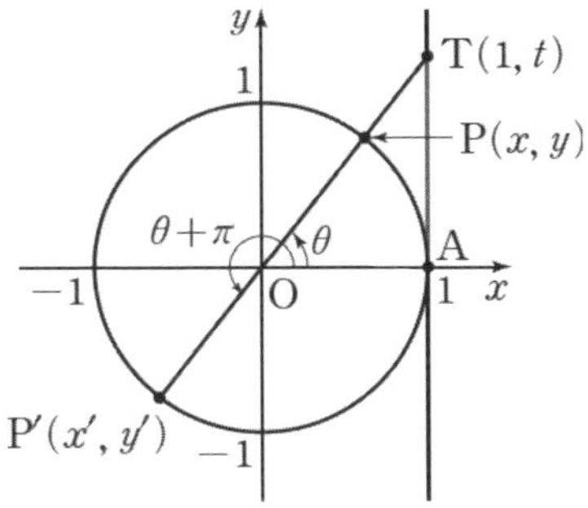

θ의 값을 가로축에, $\tan\theta$의 값을 세로축에 나타내어 탄젠트함수 $y=\tan\theta$의 그래프를 그리면 다음과 같다.

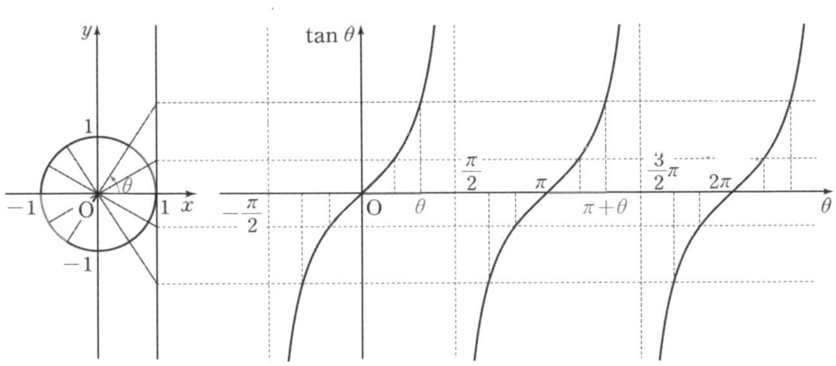

정리 2.17

$y=\tan x$의 그래프의 성질

1. 정의역: $x \neq \dfrac{(2n+1)\pi}{2}$ 인 실수 전체 집합 (단, n은 정수)

   치역: 실수 전체 집합

2. 원점에 관하여 대칭 (기함수)

3. 주기가 π인 주기함수

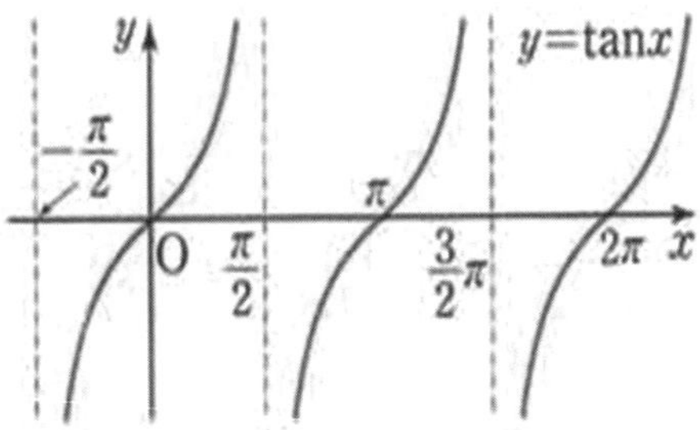

연습문제

1. 다음 삼각함수의 주기와 최댓값, 최솟값을 각각 구하여라.

    (a) $y = 5 - \frac{1}{2}\sin\frac{x}{3}$

    (b) $y = -\frac{1}{2}\tan(2x-1)$

    (c) $y = 2 - 3\cos\left(\frac{\pi}{3} - 2x\right)$

    (d) $y = -\sqrt{2}\sin\left(\frac{\pi}{3} - \frac{3}{2}x\right) + 1$

2. 함수 $y = a\sin(bx) + c$의 주기는2, 최댓값은 $\frac{7}{2}$, 최솟값은 $\frac{5}{2}$일 때, 상수 a, b, c의 값을 구하여라. (단, $a, b > 0$)

3. $0 \le x \le \frac{\pi}{2}$일 때, $y = -\cos^2 x - 2a\sin x + 6$의 최솟값이 1이면 a의 값은 얼마인가?

4. $0 \le x \le 2\pi$일 때, 두 함수 $y = \sin(2\pi + x)$와 $y = \cos x$의 그래프가 직선 $y = -\frac{2}{3}$와 만나는 점의 x좌표를 작은 것부터 차례로 $\alpha, \beta, \gamma, \delta$라고 할 때, $\cos\frac{\alpha+\beta+\gamma+\delta}{3}$의 값을 구하여라.

2.5.4 삼각함수의 여러 가지 공식

오른쪽 그림과 같이 각 α, β, $\alpha-\beta$, 0이 나타내는 동경과 단위원의 교점을 각각 P, Q, R, S라고 하면 네 점 P, Q, R, S의 좌표는

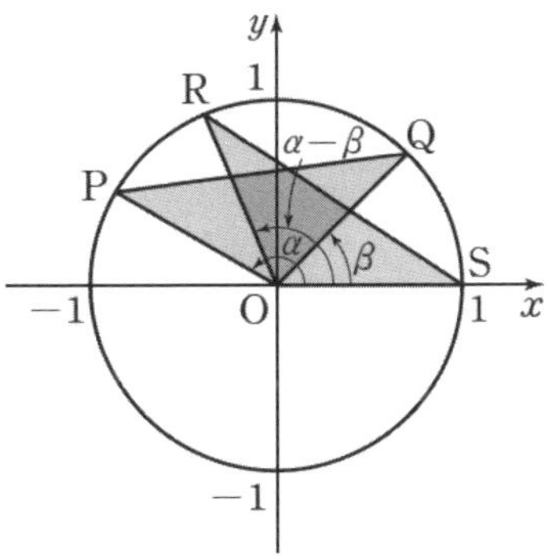

$$\mathrm{P}(\cos\alpha, \sin\alpha),\ \mathrm{Q}(\cos\beta, \sin\beta),$$

$$\mathrm{R}(\cos(\alpha-\beta),\ \sin(\alpha-\beta)),\ \mathrm{S}(1,0)$$

이다.

한편 $\triangle\mathrm{POQ} \equiv \triangle\mathrm{ROS}$이므로

$$\overline{\mathrm{PQ}} = \overline{\mathrm{RS}},\ \text{즉}\ \overline{\mathrm{PQ}}^2 = \overline{\mathrm{RS}}^2 \tag{2.1}$$

이다. 여기서 $\overline{\mathrm{PQ}}^2, \overline{\mathrm{RS}}^2$을 두 점 사이의 거리를 이용하여 나타내면

$$\begin{aligned}\overline{\mathrm{PQ}}^2 &= (\cos\beta-\cos\alpha)^2 + (\sin\beta-\sin\alpha)^2\\ &= (\cos^2\alpha+\sin^2\alpha) + (\cos^2\beta+\sin^2\beta) - 2(\cos\alpha\cos\beta+\sin\alpha\sin\beta)\\ &= 2-2(\cos\alpha\cos\beta+\sin\alpha\sin\beta)\end{aligned}$$

$$\begin{aligned}\overline{\mathrm{RS}}^2 &= \{1-\cos(\alpha-\beta)\}^2 + \{0-\sin(\alpha-\beta)\}^2\\ &= \cos^2(\alpha-\beta)+\sin^2(\alpha-\beta)-2\cos(\alpha-\beta)+1\\ &= 2-2\cos(\alpha-\beta)\end{aligned}$$

이다.

(2.1)에 의하여

$$2-2(\cos\alpha\cos\beta+\sin\alpha\sin\beta) = 2-2\cos(\alpha-\beta)$$

이므로

$$\cos(\alpha-\beta) = \cos\alpha\cos\beta+\sin\alpha\sin\beta \tag{2.2}$$

가 성립한다. 이때 (2.2)에서 β 대신 $-\beta$를 대입하면

$$\cos(\alpha+\beta) = \cos\alpha\cos\beta - \sin\alpha\sin\beta \tag{2.3}$$

이다.

또한 $\cos\left\{\frac{\pi}{2} + (\alpha+\beta)\right\} = -\sin(\alpha+\beta)$이므로 (2.3)에 의하여

$$\begin{aligned}\sin(\alpha+\beta) &= -\cos\left\{\left(\frac{\pi}{2}+\alpha\right)+\beta\right\} \\ &= -\cos\left(\frac{\pi}{2}+\alpha\right)\cos\beta + \sin\left(\frac{\pi}{2}+\alpha\right)\sin\beta \\ &= \sin\alpha\cos\beta + \cos\alpha\sin\beta\end{aligned}$$

이다. 즉,

$$\sin(\alpha+\beta) = \sin\alpha\cos\beta + \cos\alpha\sin\beta \tag{2.4}$$

가 성립한다. 이때 (2.4)에서 β 대신 $-\beta$를 대입하면

$$\sin(\alpha-\beta) = \sin\alpha\cos\beta - \cos\alpha\sin\beta$$

이다. 또 (2.3), (2.4)를 이용하면

$$\tan(\alpha+\beta) = \frac{\sin(\alpha+\beta)}{\cos(\alpha+\beta)} = \frac{\sin\alpha\cos\beta + \cos\alpha\sin\beta}{\cos\alpha\cos\beta - \sin\alpha\sin\beta}$$

이고, 우변의 분자와 분모를 $\cos\alpha\cos\beta(\cos\alpha\cos\beta \neq 0)$로 나누면

$$\tan(\alpha+\beta) = \frac{\dfrac{\sin\alpha}{\cos\alpha} + \dfrac{\sin\beta}{\cos\beta}}{1 - \dfrac{\sin\alpha\sin\beta}{\cos\alpha\cos\beta}} = \frac{\tan\alpha + \tan\beta}{1 - \tan\alpha\tan\beta}$$

이다. 즉,

$$\tan(\alpha+\beta) = \frac{\tan\alpha + \tan\beta}{1 - \tan\alpha\tan\beta} \tag{2.5}$$

가 성립한다.

이때 (2.5)에서 β 대신 $-\beta$를 대입하면

$$\tan(\alpha-\beta)=\frac{\tan\alpha-\tan\beta}{1+\tan\alpha\tan\beta}$$

이다.

이상을 정리하면 다음과 같은 삼각함수의 덧셈정리를 얻는다.

정리 2.18

삼각함수의 덧셈정리

$$\begin{cases}\sin(\alpha+\beta)=\sin\alpha\cos\beta+\cos\alpha\sin\beta\\ \sin(\alpha-\beta)=\sin\alpha\cos\beta-\cos\alpha\sin\beta\end{cases}$$

$$\begin{cases}\cos(\alpha+\beta)=\cos\alpha\cos\beta-\sin\alpha\sin\beta\\ \cos(\alpha-\beta)=\cos\alpha\cos\beta+\sin\alpha\sin\beta\end{cases}$$

$$\begin{cases}\tan(\alpha+\beta)=\dfrac{\tan\alpha+\tan\beta}{1-\tan\alpha\tan\beta}\\ \tan(\alpha-\beta)=\dfrac{\tan\alpha-\tan\beta}{1+\tan\alpha\tan\beta}\end{cases}$$

문제 2.33

$\sin\alpha = \frac{\sqrt{5}}{5}$, $\sin\beta = \frac{4}{5}$ 일 때, $\cos(\alpha+\beta)$ 의 값을 구하여라. $\left(\text{단}, 0 < \alpha < \frac{\pi}{2}, \frac{\pi}{2} < \beta < \pi\right)$

풀이 2.33

$0 < \alpha < \frac{\pi}{2}$ 이면 $\cos\alpha > 0$ 이므로

$$\cos\alpha = \sqrt{1-\sin^2\alpha} = \sqrt{1-\left(\frac{\sqrt{5}}{5}\right)^2} = \frac{2\sqrt{5}}{5}$$

또 $\frac{\pi}{2} < \beta < \pi$ 이면 $\cos\beta < 0$ 이므로

$$\cos\beta = -\sqrt{1-\sin^2\beta} = -\sqrt{1-\left(\frac{4}{5}\right)^2} = -\frac{3}{5}$$

따라서

$$\cos(\alpha+\beta) = \cos\alpha\cos\beta - \sin\alpha\sin\beta$$

$$= \frac{2\sqrt{5}}{5} \times \left(-\frac{3}{5}\right) - \frac{\sqrt{5}}{5} \times \frac{4}{5} = -\frac{2\sqrt{5}}{5}$$

$$\therefore \cos(\alpha+\beta) = -\frac{2\sqrt{5}}{5}$$

정리 2.19

2배각의 공식

$$\sin 2\theta = 2\sin\theta\cos\theta$$

$$\cos 2\theta = \cos^2\theta - \sin^2\theta = 1 - 2\sin^2\theta = 2\cos^2\theta - 1$$

$$\tan 2\theta = \frac{2\tan\theta}{1-\tan^2\theta}$$

증명

덧셈정리를 활용한다.

1. $\sin 2\theta = \sin(\theta+\theta) = \sin\theta\cos\theta + \cos\theta\sin\theta = 2\sin\theta\cos\theta$

$$\therefore \sin 2\theta = 2\sin\theta\cos\theta$$

2. $$\begin{aligned}\cos 2\theta = \cos(\theta+\theta) &= \cos\theta\cos\theta - \sin\theta\sin\theta \\ &= \cos^2\theta - \sin^2\theta \\ &= 1 - \sin^2\theta - \sin^2\theta \\ &= 1 - 2\sin^2\theta = 2\cos^2\theta - 1\end{aligned}$$

$$\therefore \cos 2\theta = \cos^2\theta - \sin^2\theta = 1 - 2\sin^2\theta = 2\cos^2\theta - 1$$

3. $$\tan 2\theta = \tan(\theta+\theta) = \frac{\tan\theta + \tan\theta}{1 - \tan\theta \cdot \tan\theta}$$

$$\therefore \tan 2\theta = \frac{2\tan\theta}{1-\tan^2\theta}$$

정리 2.20

반각의 공식

$$\sin^2\frac{\theta}{2}=\frac{1-\cos\theta}{2}\qquad \cos^2\frac{\theta}{2}=\frac{1+\cos\theta}{2}\qquad \tan^2\frac{\theta}{2}=\frac{1-\cos\theta}{1+\cos\theta}$$

증명

1. 2배각 공식 $\cos 2x=1-2\sin^2 x$에 $x=\dfrac{\theta}{2}$을 대입하면 다음을 얻는다.

$$\cos\theta=1-2\sin^2\frac{\theta}{2}\Leftrightarrow 2\sin^2\frac{\theta}{2}=1-\cos\theta$$

   의 양변을 2로 나누면 $\sin^2\dfrac{\theta}{2}=\dfrac{1-\cos\theta}{2}$이다.

2. $\cos 2x=2\cos^2 x-1$에서 $x=\dfrac{\theta}{2}$을 대입 하면 다음을 얻는다.

$$\cos\theta=2\cos^2\frac{\theta}{2}-1\Leftrightarrow 2\cos^2\frac{\theta}{2}=1+\cos\theta$$

   의 양변을 2로 나누면 $\cos^2\dfrac{\theta}{2}=\dfrac{1+\cos\theta}{2}$이다.

3. $\tan^2\dfrac{\theta}{2}=\dfrac{\sin^2\frac{\theta}{2}}{\cos^2\frac{\theta}{2}}=\dfrac{\frac{1-\cos\theta}{2}}{\frac{1+\cos\theta}{2}}=\dfrac{1-\cos\theta}{1+\cos\theta}$

   $\therefore \tan^2\dfrac{\theta}{2}=\dfrac{1-\cos\theta}{1+\cos\theta}$

문제 2.34

$\dfrac{\sin\theta+\cos\theta}{\sin\theta-\cos\theta}=-\sqrt{3}$일 때, $\tan 2\theta$의 값을 구하여라.

풀이 2.34

$$\frac{\sin\theta+\cos\theta}{\sin\theta-\cos\theta}=\frac{\dfrac{\sin\theta}{\cos\theta}+1}{\dfrac{\sin\theta}{\cos\theta}-1}=\frac{\tan\theta+1}{\tan\theta-1}=-\sqrt{3}$$

이므로 $\tan\theta=2-\sqrt{3}$이다. 따라서 $\tan 2\theta=\dfrac{2\tan\theta}{1-\tan^2\theta}=\dfrac{\sqrt{3}}{3}$이다.

정리 2.21

곱을 합, 차로 고치기

$$\sin\alpha\cos\beta=\frac{1}{2}(\sin(\alpha+\beta)+\sin(\alpha-\beta))$$

$$\cos\alpha\sin\beta=\frac{1}{2}(\sin(\alpha+\beta)-\sin(\alpha-\beta))$$

$$\cos\alpha\cos\beta=\frac{1}{2}(\cos(\alpha+\beta)+\cos(\alpha-\beta))$$

$$\sin\alpha\sin\beta=-\frac{1}{2}(\cos(\alpha+\beta)-\cos(\alpha-\beta))$$

증명

1. $$\begin{aligned}&\frac{1}{2}(\sin(\alpha+\beta)+\sin(\alpha-\beta))\\&=\frac{1}{2}(\sin\alpha\cos\beta+\cos\alpha\sin\beta+\sin\alpha\cos\beta-\cos\alpha\sin\beta)\\&=\sin\alpha\cos\beta\end{aligned}$$

$$\therefore \sin\alpha\cos\beta=\frac{1}{2}(\sin(\alpha+\beta)+\sin(\alpha-\beta))$$

2. $\frac{1}{2}(\sin(\alpha+\beta)-\sin(\alpha-\beta))$

$$= \frac{1}{2}(\sin\alpha\cos\beta+\cos\alpha\sin\beta-\sin\alpha\cos\beta+\cos\alpha\sin\beta)$$

$$= \cos\alpha\sin\beta$$

$$\therefore \cos\alpha\sin\beta = \frac{1}{2}(\sin(\alpha+\beta)-\sin(\alpha-\beta))$$

3. $\frac{1}{2}(\cos(\alpha+\beta)+\cos(\alpha-\beta))$

$$= \frac{1}{2}(\cos\alpha\cos\beta-\sin\alpha\sin\beta+\cos\alpha\cos\beta+\sin\alpha\sin\beta)$$

$$= \cos\alpha\cos\beta$$

$$\therefore \cos\alpha\cos\beta = \frac{1}{2}(\cos(\alpha+\beta)+\cos(\alpha-\beta))$$

4. $\frac{1}{2}(\cos(\alpha+\beta)-\cos(\alpha-\beta))$

$$= \frac{1}{2}(\cos\alpha\cos\beta-\sin\alpha\sin\beta-\cos\alpha\cos\beta-\sin\alpha\sin\beta)$$

$$= -\sin\alpha\sin\beta$$

$$\therefore \sin\alpha\sin\beta = -\frac{1}{2}(\cos(\alpha+\beta)-\cos(\alpha-\beta))$$

연습문제

1. 삼각함수의 덧셈정리를 이용하여 다음의 값을 구하여라.

   (a) $\sin 75°$

   (b) $\sin 15°$

   (c) $\tan 105°$

   (d) $\cos \frac{7}{12}\pi$

2. $\frac{\pi}{2} < \alpha < \pi, \quad 0 < \beta < \frac{\pi}{2}$ 이고 $\sin\alpha = \frac{1}{2}, \cos\beta = \frac{1}{3}$ 일 때, 다음의 값을 구하여라.

   (a) $\sin(\alpha + \beta)$

   (b) $\cos(\alpha - \beta)$

3. $0 < \theta < \frac{\pi}{2}$ 에서 $\cos\theta = \frac{1}{3}$ 일 때, $\sin 2\theta$, $\cos 2\theta$, $\tan 2\theta$ 의 값을 구하여라.

4. $\sin\theta + \cos\theta = \frac{4}{3}$ 일 때, $\sin 2\theta$, $\tan 2\theta$ 의 값을 구하여라.

5. 다음의 값을 구하여라.

   (a) $\sin 37.5° \sin 7.5°$

   (b) $\cos 52.5° \sin 7.5°$

   (c) $\sin 40° \sin 80° \sin 160°$

   (d) $\sin 20° \sin 40° \sin 80°$

6. $\alpha + \beta = \frac{\pi}{3}$ 일 때, $2\sin\alpha + \sqrt{3}\cos\beta$ 의 최댓값과 최솟값을 구하여라.

제 3 장

함수의 극한과 연속

3.1 함수의 극한

3.1.1 함수의 극한

함수 $f(x)$에서 x가 a와 다른 값을 가지면서 a에 한없이 가까워질 때 $f(x)$의 값이 일정한 값 L에 한없이 가까워지면, $x \to a$일 때 $f(x)$는 L에 수렴한다고 하고

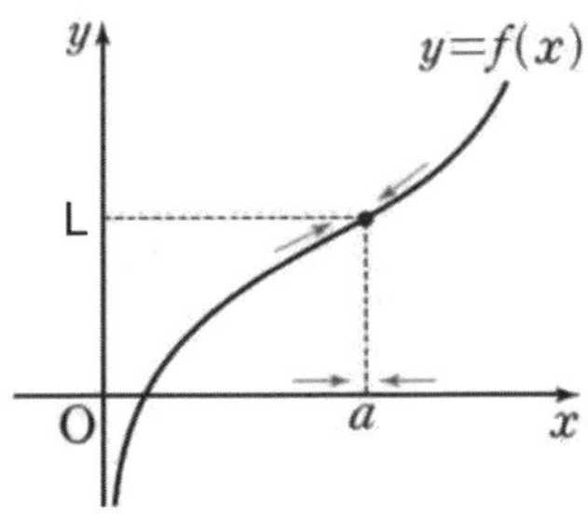

$$x \to a \text{ 일때 } f(x) \to L \text{ 또는 } \lim_{x \to a} f(x) = L$$

로 나타낸다. 이때 L을 **$f(x)$의 극한값** 또는 극한이라 한다.

문제 3.1

극한값 $\lim_{x \to 1} \frac{x^2 - 1}{x - 1}$을 그래프를 이용하여 구하여라.

풀이 3.1

$f(x) = \dfrac{x^2-1}{x-1}$ 이라고 하면

$x \neq 1$일 때, $f(x) = \dfrac{x^2-1}{x-1} = \dfrac{(x-1)(x+1)}{x-1} = x+1$

이므로 함수 $y = f(x)$의 그래프는 오른쪽 그림과 같다.

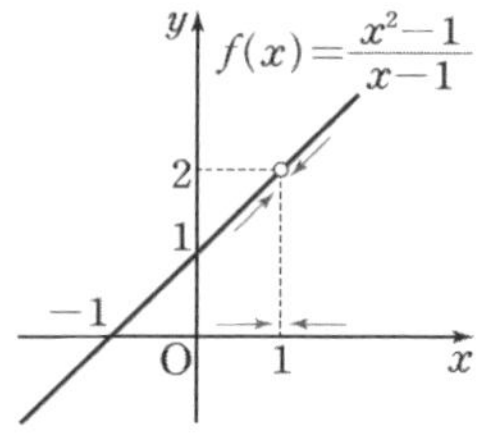

따라서 $x \to 1$일 때, $f(x) \to 2$이므로 $\lim\limits_{x\to 1} \dfrac{x^2-1}{x-1} = 2$ 이다.

함수 $f(x)$에서 x가 a보다 작은 값을 가지면서 a에 한없이 가까워질 때, $f(x)$의 값이 β에 한없이 가까워지면

$$x \to a-0 \text{ 일때 } f(x) \to \beta \text{ 또는 } \lim_{x\to a-0} f(x) = \beta$$

로 나타내며, β를 $f(x)$의 <u>좌극한값</u>이라 한다. 마찬가지로 x가 a보다 큰 값을 가지면서 a에 한없이 가까워질 때 $f(x)$의 값이 α에 한없이 가까워지면,

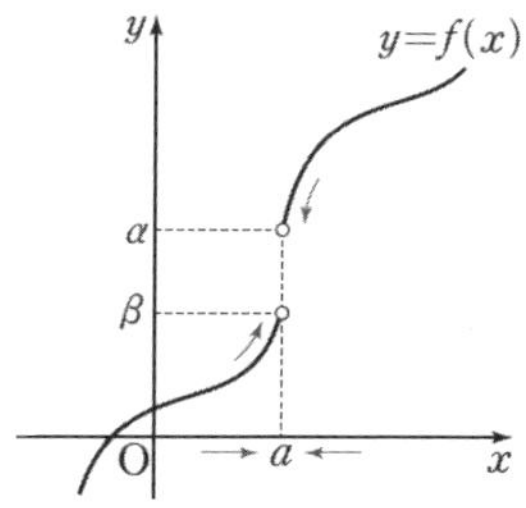

$$x \to a+0 \text{ 일때 } f(x) \to \alpha \text{ 또는 } \lim_{x\to a+0} f(x) = \alpha$$

로 나타내며, α를 $f(x)$의 <u>우극한값</u>이라 한다.

함수 $f(x)$에 대하여 $\lim\limits_{x\to a} f(x) = L$ (L은 실수)이면 $x = a$에서의 $f(x)$의 우극한과 좌극한이 각각 존재하고 그 값은 모두 L로 같다. 또 그 역도 성립한다.

$$\lim_{x\to a-0} f(x) = \lim_{x\to a+0} f(x) = L \Leftrightarrow \lim_{x\to a} f(x) = L$$

한편 $x = a$에서의 $f(x)$의 우극한과 좌극한이 모두 존재하더라도 그 값이 서로 다르면 극한 $\lim\limits_{x\to a} f(x)$는 존재하지 않는다.

문제 3.2

함수 $f(x) = \dfrac{x}{|x|}$에 대하여 극한 $\lim\limits_{x \to 0} f(x)$를 조사하여라.

풀이 3.2

$x = 0$에서의 우극한과 좌극한을 구하면

$$\lim_{x \to 0+} \frac{x}{|x|} = \lim_{x \to 0+} \frac{x}{x} = 1$$

$$\lim_{x \to 0-} \frac{x}{|x|} = \lim_{x \to 0-} \frac{x}{-x} = -1$$

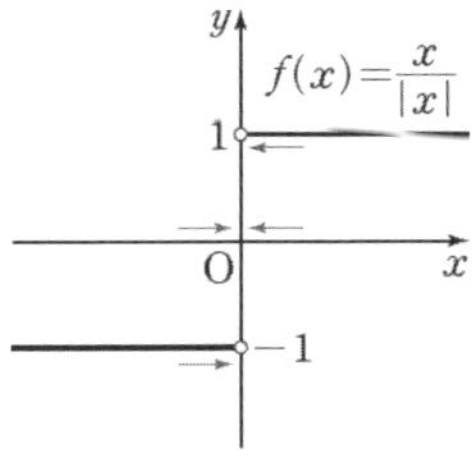

따라서 우극한과 좌극한이 다르므로 극한 $\lim\limits_{x \to 0} f(x)$는 존재하지 않는다.

> **정의 3.1 함수의 발산**
>
> **양의 무한대로 발산** : 함수 $f(x)$에서 $x \to a$일 때 $f(x)$의 값이 한없이 커지면, $x \to a$일 때 $f(x)$는 양의 무한대로 발산한다고 하고, $\lim\limits_{x \to a} f(x) = \infty$로 나타낸다.
>
> **음의 무한대로 발산** : 함수 $f(x)$에서 $x \to a$일 때 $f(x)$의 값이 음수로서, 그 절댓값이 한없이 커지면, $x \to a$일 때 $f(x)$는 음의 무한대로 발산한다고 하고, $\lim\limits_{x \to a} f(x) = -\infty$로 나타낸다.
>
> 위의 두 경우 모두 극한값은 존재하지 않는다고 말한다.

예를 들어 함수 $f(x) = \dfrac{1}{x}$일 때,

$$\lim_{x \to 0+} \frac{1}{x} = \infty, \ \lim_{x \to 0-} \frac{1}{x} = -\infty$$

이다.

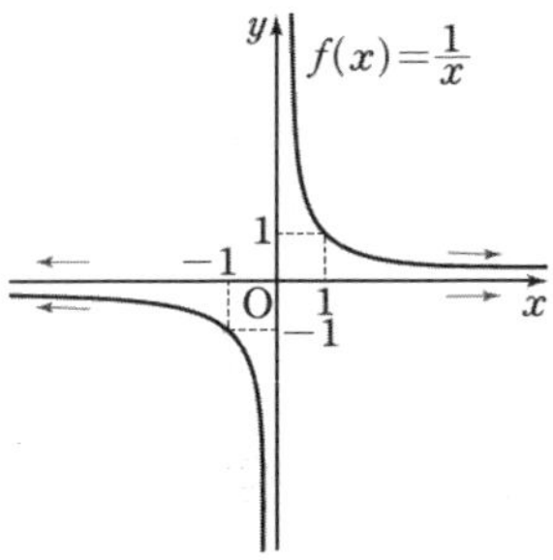

연습문제

1. 다음의 극한값을 구하여라.

(a) $\lim_{x\to 2}(x^2-4)$

(b) $\lim_{x\to 3}|x-3|$

(c) $\lim_{x\to 6}\sqrt{10-x}$

(d) $\lim_{x\to 4}\sqrt{x-4}$

(e) $\lim_{x\to 1}\sqrt{x^2-1}$

(f) $\lim_{x\to 1}\frac{x-1}{|x-1|}$

2. 다음 함수의 극한 $\lim_{x\to 1} f(x)$의 값을 구하여라.

(a) $f(x)=\begin{cases} 2+x\ (x>1) \\ 2+x^2\ (x<1) \end{cases}$

(b) $f(x)=\begin{cases} 2-x\ (x<1) \\ 3\ (x=1) \\ 2-x^2\ (x>1) \end{cases}$

3. 다음의 극한값을 구하여라.

(a) $\lim_{x\to 3}\sqrt{|x-3|}$

(b) $\lim_{x\to 3}\sqrt{|x^2-9|}$

(c) $\lim_{x\to 2}\sqrt{x^2-4x+4}$

(d) $\lim_{x\to 1}\frac{x+2}{\sqrt{x^2-2x+1}}$

(e) $\lim_{x\to 2}\frac{x+1}{x^2-4}$

(f) $\lim_{x\to 0}\left(-\frac{1}{x^2}+3\right)$

3.1.2 함수의 극한 계산

1. 극한값의 기본 성질

다음은 함수의 극한을 계산하는 방법에 대한 기본정리이다.

정리 3.1

극한법칙

$\lim_{x\to a} f(x) = L, \lim_{x\to a} g(x) = M$ (L, M은 일정)이면

1. $\lim_{x\to a} kf(x) = kL$ (k는 상수)
2. $\lim_{x\to a}\{f(x) \pm g(x)\} = L \pm M$ (복호동순)
3. $\lim_{x\to a}\{f(x)g(x)\} = LM$
4. $\lim_{x\to a} \dfrac{f(x)}{g(x)} = \dfrac{L}{M}$ $(M \neq 0)$

문제 3.3

다음 극한값을 구하여라.

1. $\lim_{x\to 3}(x^2+1)$
2. $\lim_{x\to 2} \dfrac{x+1}{x-1}$
3. $\lim_{x\to 1} \log_2(x+3)$

풀이 3.3

1. $\lim_{x\to 3}(x^2+1) = \lim_{x\to 3} x^2 + \lim_{x\to 3} 1 = 3^2 + 1 = 10$
2. $\lim_{x\to 2} \dfrac{x+1}{x-1} = \dfrac{\lim_{x\to 2}(x+1)}{\lim_{x\to 2}(x-1)} = \dfrac{\lim_{x\to 2} x + \lim_{x\to 2} 1}{\lim_{x\to 2} x - \lim_{x\to 2} 1} = \dfrac{2+1}{2-1} = 3$
3. $\lim_{x\to 1} \log_2(x+3) = \log_2(1+3) = \log_2 2^2 = 2$

정리 3.2

극한의 대소 관계

x가 a근방에서 (a는 제외할 수 있음) $f(x) \le g(x)$이고 x가 a에 접근 할 때 f와 g의 극한이 존재한다면 $\lim_{x\to a} f(x) \le \lim_{x\to a} g(x)$이 성립한다.

정리 3.3

압축정리(squeeze theorem)

x가 a근방에서 (a는 제외할 수 있음)

$f(x) \le g(x) \le h(x)$이고 $\lim_{x\to a} f(x) = \lim_{x\to a} h(x) = L$이면

$$\lim_{x\to a} g(x) = L$$

문제 3.4

$\lim_{x\to 0} x^2 \sin\frac{1}{x} = 0$ 임을 보여라.

풀이 3.4

$-1 \le \sin\frac{1}{x} \le 1 \Rightarrow -x^2 \le x^2 \sin\frac{1}{x} \le x^2$

$\lim_{x\to 0}(-x^2) = 0$ 이고 $\lim_{x\to 0} x^2 = 0$이므로 압축정리에 의하여 따라서 $\lim_{x\to 0} x^2 \sin\frac{1}{x} = 0$이다.

2. 부정형의 극한

극한값을 구하는 대표적인 부정형은 $\frac{0}{0}$꼴과 $\frac{\infty}{\infty}$꼴이다. 먼저 $\frac{0}{0}$꼴의 극한값은 분모가 0이 되는 인수를 인수분해나 분모의 유리화를 통하여 소거한 후 극한을 구한다. $\frac{\infty}{\infty}$꼴의 극한값은 분모, 분자를 분모의 최고차항으로 나눈 후 극한을 구한다.

문제 3.5

다음 극한값을 구하여라.

1. $\lim_{x\to 2}\frac{x^2-4}{x-2}$
2. $\lim_{x\to 9}\frac{x-9}{\sqrt{x}-3}$

풀이 3.5

1. $$\lim_{x\to 2}\frac{x^2-4}{x-2}=\lim_{x\to 2}\frac{(x+2)(x-2)}{x-2}=\lim_{x\to 2}(x+2)=4$$

2. $$\begin{aligned}\lim_{x\to 9}\frac{x-9}{\sqrt{x}-3} &= \lim_{x\to 9}\frac{(x-9)(\sqrt{x}+3)}{(\sqrt{x}-3)(\sqrt{x}+3)}\\ &= \lim_{x\to 9}\frac{(x-9)(\sqrt{x}+3)}{x-9}(\leftarrow \text{ 분모의 유리화})\\ &= \lim_{x\to 9}(\sqrt{x}+3)\\ &= \sqrt{9}+3=6\end{aligned}$$

문제 3.6

다음 극한값을 구하여라.

1. $\lim_{x\to\infty}\frac{3x^2-4x+1}{x^2+3x-5}$
2. $\lim_{x\to\infty}\frac{3x}{\sqrt{x^2+3}-4}$
3. $\lim_{x\to-\infty}\frac{3x}{\sqrt{x^2+3}-4}$

풀이 3.6

1. $$\lim_{x\to\infty}\frac{3x^2-4x+1}{x^2+3x-5}=\lim_{x\to\infty}\frac{3-\frac{4}{x}+\frac{1}{x^2}}{1+\frac{3}{x}-\frac{5}{x^2}}=3\ (\text{분모, 분자}\div x^2)$$

2. $$\lim_{x\to\infty}\frac{3x}{\sqrt{x^2+3}-4}=\lim_{x\to\infty}\frac{3}{\sqrt{1+\frac{3}{x^2}}-\frac{4}{x}}=3\ (\text{분모, 분자}\div x)$$

3. $x \to -\infty$일 때는 반드시 $x = -t$로 치환하여 푸는 것이 정확(안전)하다.

$x \to -\infty$일 때 $t \to \infty$이므로

$$\lim_{x\to-\infty} \frac{3x}{\sqrt{x^2+3}-4} = \lim_{t\to\infty} \frac{-3t}{\sqrt{t^2+3}-4} = -3$$

그 밖의 부정형은 $\infty - \infty, 0 \times \infty$꼴이 있다. $\infty - \infty, 0 \times \infty$꼴의 극한값은 적당히 변형(통분 또는 분자, 분모의 유리화)하여 $\frac{0}{0}, \frac{\infty}{\infty}$ 등의 꼴로 바꾼다.

문제 3.7

다음 함수의 극한값을 구하여라.

1. $\lim_{x\to\infty} (\sqrt{x^2+3x+4} - x)$

2. $\lim_{x\to 0} \frac{1}{x}\left(\frac{1}{x+1} - 1\right)$

풀이 3.7

1. $\infty - \infty$ 꼴이므로 분자를 유리화하여 $\frac{\infty}{\infty}$ 꼴로 변형한다.

$$\begin{aligned}\lim_{x\to\infty} (\sqrt{x^2+3x+4} - x) &= \lim_{x\to\infty} \frac{(x^2+3x+4)-x^2}{\sqrt{x^2+3x+4}+x} \\ &= \lim_{x\to\infty} \frac{3x+4}{\sqrt{x^2+3x+4}+x} \\ &= \frac{3}{1+1} = \frac{3}{2}\end{aligned}$$

2. $$\begin{aligned}\lim_{x\to 0} \frac{1}{x}\left(\frac{1}{x+1} - 1\right) &= \lim_{x\to 0} \frac{1}{x}\left(\frac{1-(x+1)}{x+1}\right) = \lim_{x\to 0} \frac{1}{x}\left(\frac{-x}{x+1}\right) \\ &= \lim_{x\to 0} \frac{-1}{x+1} = -1\end{aligned}$$

연습문제

1. $\lim_{x\to a} f(x) = -3$, $\lim_{x\to a} g(x) = 0$, $\lim_{x\to a} h(x) = 8$ 일 때 존재하는 극한들을 구하여라. 존재하지 않으면 그 이유를 설명하여라.

(a) $\lim_{x\to a}[f(x)+h(x)]$

(b) $\lim_{x\to a}[f(x)]^2$

(c) $\lim_{x\to a} \sqrt[3]{h(x)}$

(d) $\lim_{x\to a} \dfrac{f(x)}{g(x)}$

(e) $\lim_{x\to a} \dfrac{1}{f(x)}$

(f) $\lim_{x\to a} \dfrac{2f(x)}{h(x)-f(x)}$

2. 다음의 극한값을 구하여라.

(a) $\lim_{x\to 3} \dfrac{x^2-9}{x-3}$

(b) $\lim_{x\to 0} \dfrac{(x+1)^2-1}{x^2+x}$

(c) $\lim_{x\to -1} \dfrac{x+1}{|x^2-2x|-3}$

(d) $\lim_{x\to 0} \dfrac{\sqrt{x^2+1}-1}{x}$

3. 다음의 극한값을 구하여라.

(a) $\lim_{x\to 0} \dfrac{1}{x}\left(1+\dfrac{1}{x-1}\right)$

(b) $\lim_{x\to 1} \dfrac{1}{\sqrt{x}-1}\left(\dfrac{1}{x+1}-\dfrac{1}{2}\right)$

(c) $\lim_{x\to 0} \dfrac{1}{x}\left(1-\dfrac{1}{(x+1)^2}\right)$

(d) $\lim_{x\to a} \dfrac{1}{x-a}\left(\dfrac{x^4-a^4}{x-a}-4a^3\right)$

(e) $\lim_{x\to -\infty} \dfrac{\sqrt{x^2-2x}+x}{x+1}$

(f) $\lim_{x\to -\infty} \dfrac{x+1}{\sqrt[3]{x^3+1}+x}$

3.1.3 삼각함수의 극한

삼각함수 $y=\sin x$, $y=\cos x$, $y=\tan x$의 극한값을 구하여 보자.

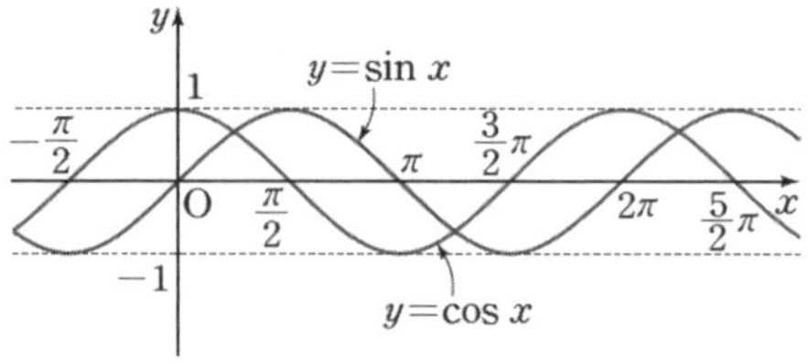

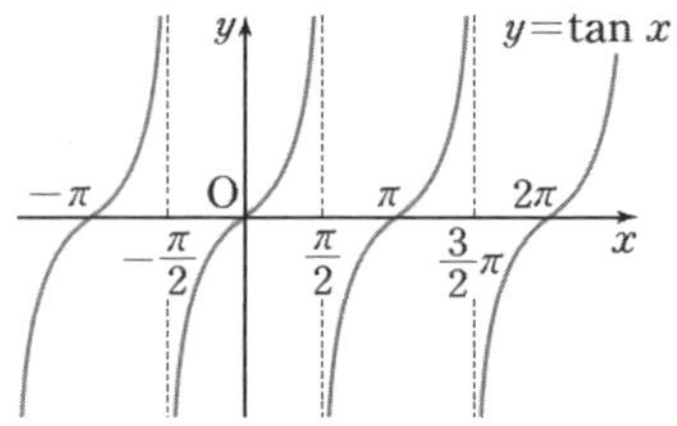

삼각함수의 그래프에서 정의역의 임의의 실수 a에 대하여

$$\lim_{x\to a}\sin x=\sin a,\ \lim_{x\to a}\cos x=\cos a,\ \lim_{x\to a}\tan x=\tan a$$

임을 알 수 있다. 한편

$$\lim_{x\to\infty}\sin x,\ \lim_{x\to\infty}\cos x,\ \lim_{x\to\frac{\pi}{2}}\tan x,\ \lim_{x\to-\frac{\pi}{2}}\tan x$$

의 값은 존재하지 않음을 알 수 있다.

문제 3.8

함수의 극한에 대한 성질을 이용하여 다음 극한값을 구하여라.

1. $\displaystyle\lim_{x\to 0}\frac{1-\cos x}{\sin^2 x}$ 2. $\displaystyle\lim_{x\to\frac{\pi}{4}}\frac{\sin x-\cos x}{1-\tan x}$

풀이 3.8

1. $$\begin{aligned}\lim_{x\to 0}\frac{1-\cos x}{\sin^2 x}&=\lim_{x\to 0}\frac{1-\cos x}{1-\cos^2 x}=\lim_{x\to 0}\frac{1-\cos x}{(1+\cos x)(1-\cos x)}\\&=\lim_{x\to 0}\frac{1}{1+\cos x}=\frac{1}{2}\end{aligned}$$

2. $\lim_{x \to \frac{\pi}{4}} \dfrac{\sin x - \cos x}{1 - \tan x} = \lim_{x \to \frac{\pi}{4}} \dfrac{\sin x - \cos x}{1 - \dfrac{\sin x}{\cos x}} = \lim_{x \to \frac{\pi}{4}} \dfrac{\sin x - \cos x}{\dfrac{\cos x - \sin x}{\cos x}}$

$$= \lim_{x \to \frac{\pi}{4}} \frac{-\cos x(\cos x - \sin x)}{\cos x - \sin x}$$

$$= -\lim_{x \to \frac{\pi}{4}} \cos x$$

$$= -\frac{\sqrt{2}}{2}$$

극한의 대소 관계에 대한 성질을 이용하여 $\lim_{x \to 0} \dfrac{\sin x}{x}$ 의 극한값을 알아보자.

정리 3.4

삼각함수의 극한 (1)

$$\lim_{x \to 0} \frac{\sin x}{x} = 1 \text{ (단, } x\text{는 radian)}$$

증명

1. $0 < x < \dfrac{\pi}{2}$ 일 때,

중심각의 크기가 x 라디안이고 반지름의 길이가 1인 부채꼴 OAB에서 점 A에서의 접선이 직선 OB의 연장선과 만나는 점을 T라고 하면

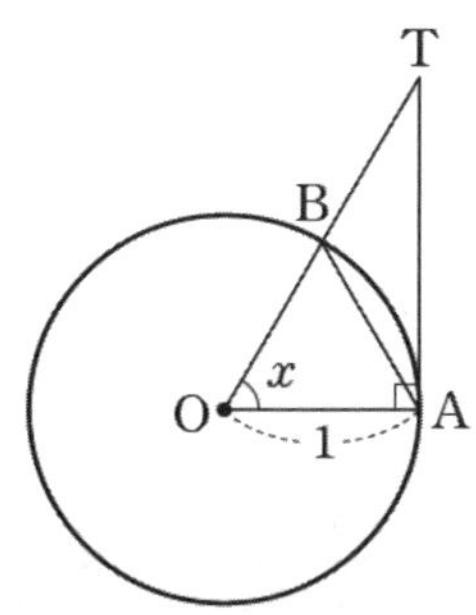

$\triangle$OAB $<$ **부채꼴** OAB $< \triangle OAT$

여기서 각 넓이를 구해보면

$$\frac{1}{2}\sin x < \frac{1}{2}x < \frac{1}{2}\tan x \ \text{ 즉, } \ \sin x < x < \tan x$$

이다. 그런데 $\sin x > 0$이므로 각 변을 $\sin x$로 나누면

$$1 < \frac{x}{\sin x} < \frac{1}{\cos x}$$

각 항의 역수를 취하면 $1 > \dfrac{\sin x}{x} > \cos x$ 이고 $\lim\limits_{x\to 0+} \cos x = 1$이므로 압축정리에 의하여 $\lim\limits_{x\to 0+} \dfrac{\sin x}{x} = 1$이다.

2. $-\dfrac{\pi}{2} < x < 0$일 때,

$x = -\theta$로 놓으면 $x \to 0-$ 일 때, $\theta \to 0+$이므로

$$\lim_{x\to 0-} \frac{\sin x}{x} = \lim_{\theta\to 0+} \frac{\sin(-\theta)}{-\theta} = \lim_{\theta\to 0+} \frac{-\sin\theta}{-\theta} = \lim_{\theta\to 0+} \frac{\sin\theta}{\theta} = 1$$

따라서 1., 2.에 의하여 $\lim\limits_{x\to 0} \dfrac{\sin x}{x} = 1$

그 밖의 삼각함수의 극한은 $\lim\limits_{x\to 0} \dfrac{\sin x}{x} = 1$을 변형하여 다음과 같이 구할 수 있다.

정리 3.5

삼각함수의 극한 (2) (단, x는 라디안)

1. $\lim\limits_{x\to 0} \dfrac{x}{\sin x} = 1$
2. $\lim\limits_{x\to 0} \dfrac{\tan x}{x} = 1$
3. $\lim\limits_{x\to 0} \dfrac{x}{\tan x} = 1$
4. $\lim\limits_{x\to 0} \dfrac{\sin nx}{mx} = \lim\limits_{x\to 0} \dfrac{nx}{\sin mx} = \dfrac{n}{m}$

증명

1. $$\lim_{x\to0}\frac{x}{\sin x}=\lim_{x\to0}\frac{1}{\dfrac{\sin x}{x}}=\frac{1}{\displaystyle\lim_{x\to0}\frac{\sin x}{x}}=\frac{1}{1}=1$$

2. $$\begin{aligned}\lim_{x\to0}\frac{\tan x}{x}&=\lim_{x\to0}\frac{\sin x}{x\cos x}=\lim_{x\to0}\frac{\sin x}{x}\times\frac{1}{\cos x}\\&=\lim_{x\to0}\frac{\sin x}{x}\times\lim_{x\to0}\frac{1}{\cos x}\\&=1\times1=1\end{aligned}$$

3. $$\lim_{x\to0}\frac{x}{\tan x}=\lim_{x\to0}\frac{1}{\dfrac{\tan x}{x}}=\frac{1}{\displaystyle\lim_{x\to0}\frac{\tan x}{x}}=\frac{1}{1}=1$$

4. $$\lim_{x\to0}\frac{\sin nx}{mx}=\lim_{x\to0}\frac{\sin nx}{nx}\times\frac{n}{m}=1\times\frac{n}{m}=\frac{n}{m}$$

$$\lim_{x\to0}\frac{nx}{\sin mx}=\lim_{x\to0}\frac{1}{\dfrac{\sin mx}{nx}}=\frac{1}{\displaystyle\lim_{x\to0}\frac{\sin mx}{mx}\times\frac{m}{n}}=\frac{n}{m}$$

문제 3.9

다음 극한값을 구하여라.

1. $\displaystyle\lim_{x\to0}\frac{1-\cos x}{x}$

2. $\displaystyle\lim_{x\to\pi}\frac{\sin 2x}{x-\pi}$

풀이 3.9

1. $$\lim_{x\to 0}\frac{1-\cos x}{x} = \lim_{x\to 0}\frac{(1-\cos x)(1+\cos x)}{x(1+\cos x)} = \lim_{x\to 0}\frac{1-\cos^2 x}{x(1+\cos x)}$$
$$= \lim_{x\to 0}\frac{\sin^2 x}{x(1+\cos x)}$$
$$= \lim_{x\to 0}\left(\frac{\sin x}{x}\times\frac{\sin x}{1+\cos x}\right)$$
$$= \lim_{x\to 0}\frac{\sin x}{x}\times\lim_{x\to 0}\frac{\sin x}{1+\cos x}$$
$$= 1\times\frac{0}{2} = 0$$

2. $x-\pi = t$로 놓으면 $x\to\pi$일 때 $t\to 0$이므로

$$\lim_{x\to\pi}\frac{\sin 2x}{x-\pi} = \lim_{t\to 0}\frac{\sin 2(\pi+t)}{t} = \lim_{t\to 0}\frac{\sin 2t}{t} = 2\lim_{t\to 0}\frac{\sin 2t}{2t} = 2$$

연습문제

1. 다음의 극한값을 구하여라.

(a) $\displaystyle\lim_{x\to 0}\frac{\sin 3x}{2x}$

(b) $\displaystyle\lim_{x\to 0}\frac{\sin x}{x\cos x}$

(c) $\displaystyle\lim_{x\to 0}\frac{\sin x^\circ}{x}$

(d) $\displaystyle\lim_{x\to 1}\frac{\sin \pi x}{x-1}$

(e) $\displaystyle\lim_{x\to \frac{\pi}{2}}\frac{\cos x}{x-\frac{\pi}{2}}$

(f) $\displaystyle\lim_{x\to \frac{3\pi}{2}}\frac{\cos x}{x-\frac{3\pi}{2}}$

2. 다음의 극한값을 구하여라.

(a) $\displaystyle\lim_{x\to 0}\frac{1-\cos ax}{bx^2}$

(b) $\displaystyle\lim_{x\to 0}\frac{1-\cos x}{x\sin x}$

(c) $\displaystyle\lim_{x\to 0}\frac{x^2}{\sec x-1}$

(d) $\displaystyle\lim_{x\to 1}\frac{1+\cos \pi x}{(x-1)^2}$

3. 다음의 극한값을 구하여라.

(a) $\displaystyle\lim_{x\to 0}\frac{\sin(1-\cos x)}{x^2}$

(b) $\displaystyle\lim_{x\to 0}\frac{1-\cos 3x\cos 2x}{x^2}$

(c) $\displaystyle\lim_{x\to \infty} x\sin\frac{1}{2x+1}$

(d) $\displaystyle\lim_{x\to \frac{\pi}{2}}(\pi-2x)\tan x$

3.1.4 지수함수와 로그함수의 극한

지수함수 $y = a^x (a > 0, a \neq 1)$는 실수 전체의 집합을 정의역으로 하는 함수이다.

지수함수 $y = a^x (a > 0, a \neq 1)$의 그래프로부터

$a > 1$이면

$$\lim_{x \to \infty} a^x = \infty \ \lim_{x \to -\infty} a^x = 0$$

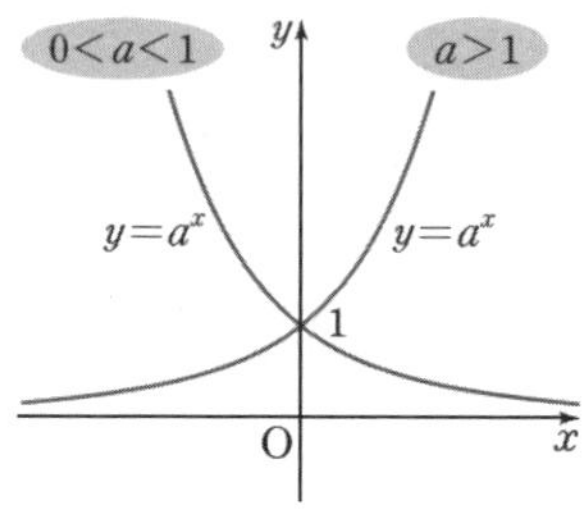

이고,

$0 < a < 1$이면

$$\lim_{x \to \infty} a^x = 0, \ \lim_{x \to -\infty} a^x = \infty$$

임을 알 수 있다.

또 지수함수는 연속이므로 임의의 실수 α에 대하여 $\lim_{x \to \alpha} a^x = a^\alpha$이다.

정리 3.6

지수함수의 극한

지수함수 $y = a^x$에서

1. $a > 1$일 때, $\lim_{x \to \infty} a^x = \infty \quad \lim_{x \to -\infty} a^x = 0$
2. $0 < a < 1$일 때, $\lim_{x \to \infty} a^x = 0 \quad \lim_{x \to -\infty} a^x = \infty$

문제 3.10

다음에서 수렴, 발산을 조사하고, 수렴하면 그 극한값을 구하여라.

1. $\lim\limits_{x\to\infty} \dfrac{2^x}{2^x - 1}$ 2. $\lim\limits_{x\to\infty} \dfrac{3^{x+1} + 2^{x+1}}{3^x + 2^x}$

풀이 3.10

1. 분모와 분자를 2^x 으로 나누면

$$\lim_{x\to\infty} \frac{2^x}{2^x - 1} = \lim_{x\to\infty} \frac{1}{1 - \dfrac{1}{2^x}} = \frac{1}{1-0} = 1$$

2. 분모와 분자를 3^x 으로 나누면

$$\lim_{x\to\infty} \frac{3^{x+1} + 2^{x+1}}{3^x + 2^x} = \lim_{x\to\infty} \frac{3 + 2\left(\dfrac{2}{3}\right)^x}{1 + \left(\dfrac{2}{3}\right)^x} = 3$$

로그함수 $y = \log_a x$ (단, $a > 0,\ a \neq 1,\ x > 0$)의 정의역은 양수 전체의 집합이고 로그함수 $y = \log_a x\ (a > 0, a \neq 1)$의 그래프로부터

$a > 1$이면

$$\lim_{x\to\infty} \log_a x = \infty,\ \lim_{x\to 0+} \log_a x = -\infty$$

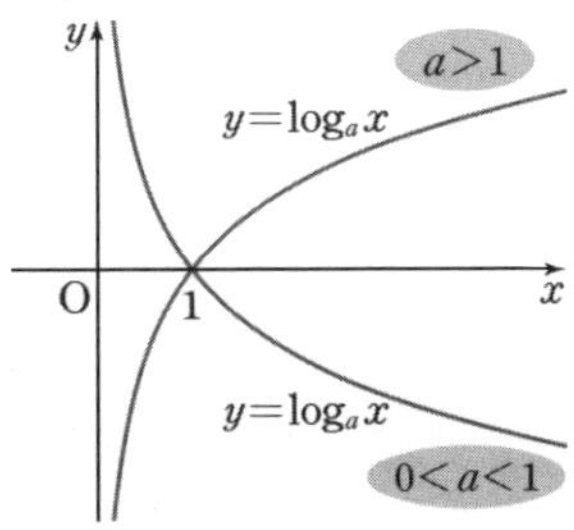

이고,

$0 < a < 1$이면

$$\lim_{x\to\infty} \log_a x = -\infty,\ \lim_{x\to 0+} \log_a x = \infty$$

임을 알 수 있다.

또 로그함수는 연속이므로 임의의 양의 실수 r에 대하여 $\lim\limits_{x\to r} \log_a x = \log_a r$이다.

정리 3.7

로그함수의 극한

로그함수 $y = \log_a x$ 에서

1. $a > 1$ 일 때, $\lim\limits_{x \to \infty} \log_a x = \infty$ $\lim\limits_{x \to 0+} \log_a x = -\infty$
2. $0 < a < 1$ 일 때, $\lim\limits_{x \to \infty} \log_a x = -\infty$ $\lim\limits_{x \to 0+} \log_a x = \infty$

문제 3.11

다음에서 수렴, 발산을 조사하고, 수렴하면 그 극한값을 구하여라.

1. $\lim\limits_{x \to \infty} \{\log_3(x-2) - \log_3 x\}$
2. $\lim\limits_{x \to 1+} \dfrac{x}{\log_2 x}$

풀이 3.11

1. $\lim\limits_{x \to \infty} \{\log_3(x-2) - \log_3 x\} = \lim\limits_{x \to \infty} \log_3 \dfrac{x-2}{x} = \log_3 1 = 0$ 이다.

   따라서 극한값은 0 이다.
2. $\lim\limits_{x \to 1+} \log_2 x = 0$, $\lim\limits_{x \to 1+} x = 1$ 이므로 $\lim\limits_{x \to 1+} \dfrac{x}{\log_2 x} = \infty$ 이다.

   따라서 발산한다.

연습문제

1. 다음의 극한값을 구하여라.

(a) $\lim_{x\to 0} \frac{3^{1/x}+2^{1/x}}{2^{1/x}+1}$ (b) $\lim_{x\to 0} \frac{1}{1+2^{1/x}}$

2. 다음의 극한값을 구하여라.

(a) $\lim_{x\to 0} \left(\log_{\frac{1}{2}} |x^2+x| - \log_{\frac{1}{2}} |x^2-x|\right)$

(b) $\lim_{x\to 2} \left(\log_2 |x^2-4| + \log_{\frac{1}{2}} |x^2-x-2|\right)$

(c) $\lim_{x\to 0+} \{\log x - \log(\sqrt{1+x}-\sqrt{1-x})\}$

3.1.5 자연 상수 e가 있는 극한

1. 무리수 e의 정의

함수 $y=(1+x)^{\frac{1}{x}}$에 대하여 x가 0에 한없이 가까워질 때의 극한에 대하여 알아보자.

x에 $\pm 0.1, \pm 0.01, \pm 0.001, \pm 0.0001, \pm 0.00001, \cdots$

을 차례로 대입하여 $(1+x)^{\frac{1}{x}}$의 값을 계산해 보면 오른쪽 표와 같이 x의 값이 0에 한없이 가까워짐에 따라 $(1+x)^{\frac{1}{x}}$의 값이 어떤 일정한 수에 수렴하고 있음을 알 수 있다.

실제로 $x \to 0$일 때, $(1+x)^{\frac{1}{x}}$의 극한값이 존재한다는 것이 알려져 있으며, 이 극한값을 e로 나타내고 **자연 상수**라 부른다. 이때, e는 무리수이고, 이를 소수로 나타내면

$$e = 2.71828182845\cdots$$

와 같이 순환하지 않는 무한소수임이 알려져 있다.

x	$(1+x)^{\frac{1}{x}}$
-0.1	$2.86797\ldots$
-0.01	$2.73199\ldots$
-0.001	$2.71964\ldots$
-0.0001	$2.71841\ldots$
-0.00001	$2.71829\ldots$
$\vdots$	$\vdots$
0	$2.71828\ldots$
$\vdots$	$\vdots$
0.00001	$2.71827\ldots$
0.0001	$2.71814\ldots$
0.001	$2.71692\ldots$
0.01	$2.70481\ldots$
0.1	$2.59374\ldots$

2. 자연로그

무리수 e를 밑으로 하는 로그, 즉 $\log_e x$를 x의 자연로그라고 한다. 자연로그 $\log_e x$는 $\ln x$로 나타내기로 한다.

정리 3.8

자연로그의 성질

$x>0$, $y>0$일 때,

1. $\ln 1 = 0$, $\ln e = 1$

2. $\ln xy = \ln x + \ln y$

3. $\ln \dfrac{x}{y} = \ln x - \ln y$

4. $\ln x^{\alpha} = \alpha \ln x$ (단, α은 임의의 실수)

정의 3.2 자연상수 e

$$\lim_{x\to 0}(1+x)^{\frac{1}{x}} = e \qquad \lim_{x\to\infty}\left(1+\frac{1}{x}\right)^{x} = e$$

[설명]

$\dfrac{1}{x} = t$라 하면 $x = \dfrac{1}{t}$이고 $x \to 0$일 때, $t \to \infty$

$$\therefore \lim_{t\to\infty}\left(1+\frac{1}{t}\right)^{t} = e \Leftrightarrow \lim_{x\to 0}(1+x)^{\frac{1}{x}} = e$$

정리 3.9

자연상수 e가 있는 극한

1. $\displaystyle\lim_{x\to 0}\frac{e^x-1}{x} = 1$, $\displaystyle\lim_{x\to 0}\frac{e^{kx}-1}{x} = k$

2. $\displaystyle\lim_{x\to 0}\frac{a^x-1}{x} = \ln a$ $(a > 0,\ a \neq 1)$

3. $\displaystyle\lim_{x\to 0}\frac{\ln(1+x)}{x} = 1$,

   $\displaystyle\lim_{x\to 0}\frac{\ln(1+kx)}{x} = k$, $\displaystyle\lim_{x\to 0}\frac{\log_a(1+x)}{x} = \log_a e = \frac{1}{\ln a}$

4. $\displaystyle\lim_{x\to\infty} x\ln\left(1+\frac{1}{x}\right) = 1$

증명

1. $e^x - 1 = t$로 놓으면 $e^x = 1 + t$ 이므로 $x = \ln(1+t)$

   $x \to 0$일 때, $t \to 0$이므로

$$\lim_{x\to 0} \frac{e^x - 1}{x} = \lim_{t\to 0} \frac{t}{\ln(1+t)} = \lim_{t\to 0} \frac{1}{\frac{1}{t}\ln(1+t)}$$

   그런데 $\lim_{t\to 0} \frac{1}{t}\ln(1+t) = \lim_{t\to 0} \ln(1+t)^{\frac{1}{t}} = \ln e = 1$

$$\therefore \lim_{x\to 0} \frac{e^x - 1}{x} = 1$$

   $e^{kx} - 1 = t$로 놓으면 $e^{kx} = 1 + t$이므로 $x = \frac{\ln(1+t)}{k}$

   $x \to 0$일 때, $t \to 0$이므로

$$\lim_{x\to 0} \frac{e^{kx} - 1}{x} = \lim_{t\to 0} \frac{k}{\frac{\ln(1+t)}{t}} = \lim_{t\to 0} \frac{k}{\frac{1}{t}\ln(1+t)}$$

   그런데 $\lim_{t\to 0} \frac{1}{t}\ln(1+t) = \lim_{t\to 0} \ln(1+t)^{\frac{1}{t}} = \ln e = 1$

$$\therefore \lim_{x\to 0} \frac{e^{kx} - 1}{x} = k$$

2. $a^x - 1 = t$로 놓으면 $a^x = 1 + t$이므로 $x = \log_a(1+t)$이고

   $x \to 0$일 때, $t \to 0$이므로

$$\begin{aligned}\lim_{x\to 0} \frac{a^x - 1}{x} &= \lim_{t\to 0} \frac{t}{\log_a(1+t)} = \lim_{t\to 0} \frac{1}{\frac{1}{t}\log_a(1+t)} \\ &= \frac{1}{\log_a\left\{\lim_{t\to 0}(1+t)^{\frac{1}{t}}\right\}} = \frac{1}{\log_a e} \\ &= \ln a\end{aligned}$$

3. $$\begin{aligned}\lim_{x\to 0} \frac{\ln(1+x)}{x} &= \lim_{x\to 0} \frac{1}{x}\ln(1+x) = \ln \lim_{x\to 0}(1+x)^{\frac{1}{x}} \\ &= \ln e = 1\end{aligned}$$

$$\begin{aligned}\lim_{x\to 0}\frac{\ln(1+kx)}{x} &= \lim_{x\to 0}\frac{1}{x}\ln(1+kx)\\ &= \ln\lim_{x\to 0}\left\{(1+kx)^{\frac{1}{kx}}\right\}^{k} = \ln e^{k} = k\end{aligned}$$

$$\begin{aligned}\lim_{x\to 0}\frac{\log_a(1+x)}{x} &= \lim_{x\to 0}\log_a(1+x)^{\frac{1}{x}} = \log_a\lim_{x\to 0}(1+x)^{\frac{1}{x}}\\ &= \log_a e = \frac{1}{\ln a}\end{aligned}$$

4. $$\lim_{x\to\infty} x\ln\left(1+\frac{1}{x}\right) = \lim_{x\to\infty}\ln\left(1+\frac{1}{x}\right)^{x} = \ln e = 1$$

문제 3.12

다음 극한값을 구하여라.

1. $\displaystyle\lim_{x\to\infty}\left(1+\frac{1}{3x}\right)^{x}$
2. $\displaystyle\lim_{x\to 0}(1+3x)^{\frac{1}{2x}}$

풀이 3.12

1. $\displaystyle\lim_{x\to\infty}\left(1+\frac{1}{3x}\right)^{x} = \lim_{x\to\infty}\left\{\left(1+\frac{1}{3x}\right)^{3x}\right\}^{\frac{1}{3}} = e^{\frac{1}{3}}$

2. $\displaystyle\lim_{x\to 0}(1+3x)^{\frac{1}{2x}} = \lim_{x\to 0}\left\{(1+3x)^{\frac{1}{3x}}\right\}^{\frac{3}{2}} = e^{\frac{3}{2}}$

문제 3.13

다음 극한값을 구하여라.

1. $\lim_{x\to 0} \frac{\ln(1+2x)^2}{x}$

2. $\lim_{x\to 1} \frac{\log_a x}{x-1}$

풀이 3.13

1.
$$\begin{aligned}\lim_{x\to 0} \frac{\ln(1+2x)^2}{x} &= \lim_{x\to 0} \frac{2}{x}\ln(1+2x) \\ &= \lim_{x\to 0} \ln\left\{(1+2x)^{\frac{1}{2x}}\right\}^4 \\ &= \ln e^4 = 4\end{aligned}$$

2. $x-1=h$라 하면 $x=h+1$이고 $x\to 1$일 때, $h\to 0$이므로

$$\begin{aligned}\lim_{x\to 1} \frac{\log_a x}{x-1} &= \lim_{h\to 0} \frac{\log_a(1+h)}{h} = \lim_{h\to 0} \frac{1}{h}\log_a(1+h) \\ &= \lim_{h\to 0} \log_a(1+h)^{\frac{1}{h}} \\ &= \log_a e\end{aligned}$$

연습문제

1. 다음의 극한값을 구하여라.(단,n은 자연수)

(a) $\lim_{n\to\infty}\left(1+\frac{3}{2n}\right)^{5n}$

(b) $\lim_{n\to\infty}\left(1+\frac{1}{n+3}\right)^{n}$

(c) $\lim_{n\to\infty}\left(\frac{n}{n-1}\right)^{n}$

2. 다음의 극한값을 구하여라.

(a) $\lim_{x\to 0}(1+\sin x)^{\frac{1}{x}}$

(b) $\lim_{x\to \frac{2}{3}}\left(\frac{3x}{2}\right)^{\frac{1}{2-3x}}$

3. 다음의 극한값을 구하여라.

(a) $\lim_{x\to a}\frac{\ln x-\ln a}{x-a}$

(b) $\lim_{x\to 0}\frac{a^x-1}{x}$

(c) $\lim_{x\to 0}\frac{e^{2x}-1}{x}$

(d) $\lim_{x\to 0}\frac{e^x-e^{-2x}}{x}$

(e) $\lim_{x\to a}\frac{e^x-e^a}{x-a}$

(f) $\lim_{x\to 0}\frac{4^x-2^x}{x}$

(g) $\lim_{x\to 0}\frac{x(e^x-1)}{1-\cos x}$

(h) $\lim_{x\to 1}\frac{x-1}{1-e^{2x-2}}$

3.2 함수의 연속

3.2.1 함수의 연속

1. 한 점에서의 연속

정의 3.3 점 $x = a$에서 연속

함수 $f(x)$가 a의 근방에서 정의되어 있을 때,

$$\lim_{x \to a} f(x) = f(a)$$

이면, f는 $x = a$에서 **연속**(**f is continuous at $x = a$**)이라고 한다.

즉 함수 f가 $x = a$에서 연속이란 다음 세 가지를 모두 만족할 때, 점 $x = a$에서 연속이라 한다.

1. $f(a)$가 존재하여야 하고,

2. x가 a로 가까이 갈 때 $f(x)$의 극한이 존재해야 하며,

3. 그 극한값이 $f(a)$와 같아야 한다.

정의 3.4 연속함수

함수 $f(x)$가 정의역의 모든 점에서 연속일 때 함수 $f(x)$는 **연속함수**라 한다.

문제 3.14

다음 함수는 $x=1$에서 연속인지 조사하여라.

1. $f(x)=\begin{cases} x^2+1 \ (x \geq 1) \\ -x+2 \ (x<1) \end{cases}$

2. $f(x)=\begin{cases} \dfrac{\sqrt{x}-1}{x-1} \ (x \neq 1) \\ 4 \ (x=1) \end{cases}$

풀이 3.14

1. $f(1)=2$

   $\lim\limits_{x\to 1+0}(x^2+1)=2$이고 $\lim\limits_{x\to 1-0}(-x+2)=1$이므로 극한 $\lim\limits_{x\to 1}f(x)$가 존재하지 않는다.

   따라서 주어진 함수 $f(x)$는 $x=1$에서 불연속이다.

2. $f(1)=4$

   $\lim\limits_{x\to 1}f(x)=\lim\limits_{x\to 1}\dfrac{\sqrt{x}-1}{x-1}=\lim\limits_{x\to 1}\dfrac{x-1}{(x-1)(\sqrt{x}+1)}=\dfrac{1}{2}$

   $f(1)\neq\lim\limits_{x\to 1}f(x)$

   따라서 주어진 함수 $f(x)$는 $x=1$에서 불연속이다.

문제 3.15

함수 $f(x)=x^2+\dfrac{x^2}{1+x^2}+\dfrac{x^2}{(1+x^2)^2}+\dfrac{x^2}{(1+x^2)^3}+\cdots$ 은 $x=0$에서 연속인가?

풀이 3.15

$f(x)$는 공비가 $\dfrac{1}{x^2+1}$인 무한등비급수이고 $x\neq 0$ 일 때, $0<\dfrac{1}{x^2+1}<1$이므로

$$f(x)=\frac{x^2}{1-\dfrac{1}{x^2+1}}=x^2+1$$

$\lim_{x\to 0} f(x) = \lim_{x\to 0}(x^2+1) = 1$이고 $f(0)=0$이므로 $f(0) \neq \lim_{x\to 0} f(x)$이다.
따라서 $x=0$에서 $f(x)$는 불연속이다.

정의 3.5 한쪽 연속

1. $\lim_{x\to a-0} f(x) = f(a)$일 때 $f(x)$는 $x=a$에서 **왼쪽 연속**(좌 연속)이라고 한다.

2. $\lim_{x\to a+0} f(x) = f(a)$일 때 $f(x)$는 $x=a$에서 **오른쪽 연속**(우 연속)이라고 한다.

   함수 $f(x)$가 $x=a$에서 연속이라는 것은 $x=a$에서 왼쪽 연속이고 동시에 오른쪽 연속이다.

문제 3.16

함수 $f(x)=\sqrt{9-x^2}$가 $x=3$에서 연속인지 판별하여라.

풀이 3.16

$9-x^2 \geq 0$에서 정의역은 $-3 \leq x \leq 3$이므로

$$\lim_{x\to 3+0} f(x) = \lim_{x\to 3+0} \sqrt{9-x^2}$$

은 존재하지 않으므로 $f(3)$이므로 f는 $x=3$에서 오른쪽 연속이 아니다.

$$\lim_{x\to 3-0} f(x) = \lim_{x\to 3-0} \sqrt{9-x^2} = 0$$

이고 $f(3)=0$에서 $f(3) = \lim_{x\to 3-0} f(3)$이므로 왼쪽 연속이다.
따라서 $f(x)=\sqrt{9-x^2}$가 $x=3$에서 왼쪽 연속이지만 오른쪽 연속이 아니므로 $x=3$에서 불연속이다.

2. 구간에서의 연속

함수 $f(x)$가 어떤 구간에 속하는 모든 실수 x에서 연속일 때, $f(x)$는 그 구간에서 연속이라고 한다. 특히 함수 $f(x)$가

1. 열린구간 (a, b)에서 연속이고

2. $\lim_{x \to a+0} f(x) = f(a)$, $\lim_{x \to b-0} f(x) = f(b)$

일 때, $f(x)$는 닫힌구간 $[a, b]$에서 연속이라고 한다.

예를 들면 열린구간 $(0, 2)$에서 $f(x) = \dfrac{1}{x-1}$은 $x = 1$인 점에서 불연속이므로 이 구간에서 $f(x)$는 불연속이다.

또한, $f(x) = \begin{cases} 2 \ (x \le 1) \\ x^2 \ (1 < x < 3) \\ 9 \ (x \ge 3) \end{cases}$ 은 $\lim_{x \to 1+0} f(x) = \lim_{x \to 1+0} x^2 = 1$이고

$2 = f(1) \ne \lim_{x \to 1+0} f(x)$이므로 $x = 1$에서 불연속이다.

정의 3.6 구간에서 함수의 연속

1. 구간 (a, b)에서 연속 $\Leftrightarrow$ 이 구간에 있는 모든 점에서 연속일 때.

2. 구간 $[a, b]$에서 연속 $\Leftrightarrow$ 구간 (a, b)에서 연속이고
   $f(a) = \lim_{x \to a+0} f(x)$, $f(b) = \lim_{x \to b-0} f(x)$ 일 때.

문제 3.17

$-1 < x < 1$에서 연속인 함수 f가 $f(x) \times \ln(1+x^2) = 7x^2$일 때, $f(0)$의 값을 구하여라.

풀이 3.17

$x \neq 0$일 때 $f(x) = \dfrac{7x^2}{\ln(1+x^2)}$이다. 함수 $f(x)$가 $x=0$에서 연속이므로 $f(0) = \lim_{x\to 0} f(x)$이 성립한다.

$$\begin{aligned}\lim_{x\to 0} f(x) = \lim_{x\to 0} \frac{7x^2}{\ln(1+x^2)} \quad &= \lim_{x\to 0} \frac{7}{\frac{1}{x^2}\ln(1+x^2)} \\ &= \lim_{x\to 0} \frac{7}{\ln(1+x^2)^{\frac{1}{x^2}}} \\ &= \frac{7}{\ln e} = 7\end{aligned}$$

따라서 $f(0) = 7$이다.

연습문제

1. 다음은 $x=1$에서 연속인가?

(a) $f(x)=\begin{cases} -x^2+1\ (x<1) \\ x+3\ (x\geq 1) \end{cases}$ (b) $f(x)=\begin{cases} \log_{10}100x\ (x>1) \\ 2x\ (x\leq 1) \end{cases}$

(c) $f(x)=\begin{cases} \dfrac{|x-1|}{x-1}\ (x\neq 1) \\ 0\ (x=1) \end{cases}$ (d) $f(x)=\begin{cases} \dfrac{\sqrt{x+1}-\sqrt{2}}{x-1}\ (x\neq 1) \\ 1\ (x=1) \end{cases}$

2. 다음은 $x=0$에서 연속인가?

(a) $f(x)=\begin{cases} \dfrac{\sqrt{x+1}-1}{x}\ (x\neq 0) \\ \sin(x+\dfrac{\pi}{6})\ (x=0) \end{cases}$ (b) $f(x)=\begin{cases} x^2\sin\dfrac{1}{x}\ (x\neq 0) \\ x^3\ (x=0) \end{cases}$

3. $f(x)=x[x]+1$은 $x=1$에서 연속인가? (단, $[x]$는 x를 넘지 않은 최대의 정수를 의미)

4. 연속함수 $f(x)$가 $f(x)=f\left(\dfrac{x}{2}\right)$이고 $f(5)=2$일 때, $\lim\limits_{x\to 0}f(x)$를 구하여라.

5. $f(x)=\lim\limits_{n\to\infty}\dfrac{x^n+2x+a}{x^{n-1}+1}$가 $x=1$에서 연속이 되는 a의 값을 정하여라.

3.2.2 연속함수의 성질

연속함수는 다음과 같은 성질을 가진다.

정리 3.10

연속함수의 성질

두 함수 $f(x), g(x)$가 모두 $x = a$에서 연속이면 다음 각 함수도 $x = a$에서 연속이다.

1. $kf(x)$ (단, k는 상수)
2. $f(x) \pm g(x)$
3. $f(x)g(x)$
4. $\dfrac{f(x)}{g(x)}$ (단, $g(a) \neq 0$)
5. $(f \circ g)(x)$ (단, $g(x)$의 치역은 $f(x)$의 정의역에 포함)

문제 3.18

$-\pi < x < \pi$에서 연속인 함수 f가 다음을 만족할 때, $f(0)$를 구하여라.

$$(1-\cos x)f(x) = x\sin x$$

풀이 3.18

$$(1-\cos x)f(x) = x\sin x \Leftrightarrow f(x) = \begin{cases} \dfrac{x\sin x}{1-\cos x}, & (-\pi < x < 0, 0 < x < \pi) \\ k, (x=0) \end{cases}$$

$-\pi < x < 0$ 또는 $0 < x < \pi$에서 $x, \sin x$ 와 $1-\cos x$는 각각 연속이므로 $\dfrac{x\sin x}{1-\cos x}$은 연속이다. 따라서 $x=0$에서 f가 연속이면 결국 $-\pi < x < \pi$에서 연속이다.

$$f(0) = \lim_{x\to 0} f(x) \Leftrightarrow k = \lim_{x\to 0}\frac{x\sin x}{1-\cos x} = \lim_{x\to 0}\frac{\sin x}{x} \times \frac{x^2}{1-\cos x} = 2$$

따라서 $f(0) = 2$이다.

일반적으로 연속인 함수에 대하여 다음과 같은 최대·최소의 정리가 성립한다.

정리 3.11

최대 최소정리(maximum minimum theorem)

함수 $f(x)$가 닫힌구간 $[a, b]$에서 연속이면 이 구간에서 반드시 최댓값 M과 최솟값 m을 갖는다.

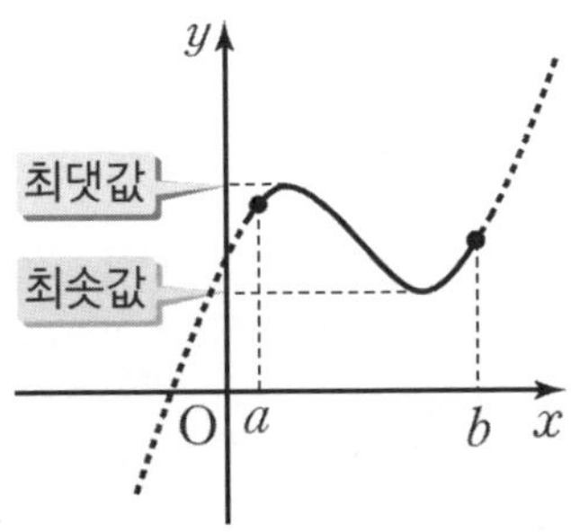

예를 들어 함수 $f(x) = x^2$은 닫힌구간 $[-2, 1]$에서 연속이고, $x = -2$에서 최댓값 $f(-2) = 4$, $x = 0$에서 최솟값 $f(0) = 0$을 가진다. 그러나 열린구간 $(-2, 1)$에서는

최댓값은 갖지 않고, $x=0$에서 최솟값 $f(0)=0$만을 가진다.

함수 $f(x)$가 닫힌구간 $[a,b]$에서 연속이고 $f(a) \neq f(b)$일 때, 오른쪽 그림과 같이 $f(a)$와 $f(b)$ 사이에 있는 임의의 실수 k에 대하여 직선 $y=k$와 함수 $y=f(x)$의 그래프는 적어도 한 점에서 만나게 된다.

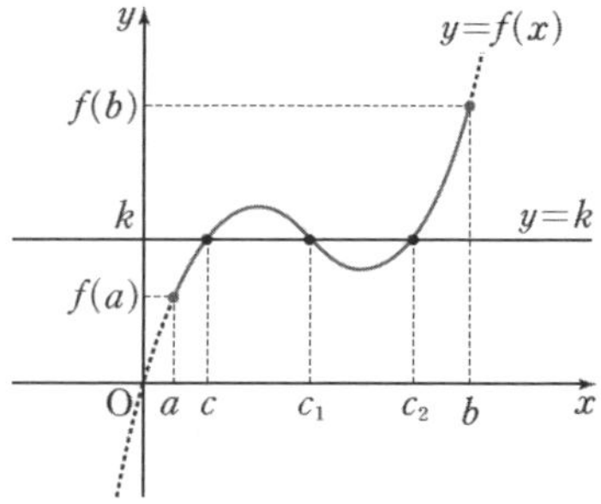

따라서 $f(a)$와 $f(b)$ 사이의 임의의 값 k에 대하여 $f(c)=k$인 c가 a와 b 사이에 적어도 하나 존재한다.

정리 3.12

사잇값 정리(중간값 정리 intermediate value theorem)

함수 $f(x)$가 닫힌구간 $[a,b]$에서 연속이고, $f(a) \neq f(b)$일 때, $f(a)$와 $f(b)$ 사이의 임의의 실수 k에 대하여, $f(c)=k(a<c<b)$를 만족하는 c가 열린구간 (a,b)에 적어도 하나 존재한다.

연습문제

1. f와 g가 $f(3)=5$이고 $\lim_{x\to 3}[2f(x)-g(x)]=4$을 만족하는 연속함수일 때 $g(3)$을 구하여라.

2. 주어진 구간에서 다음 함수의 최댓값과 최솟값을 구하여라.

   (a) $f(x)=-x^2+3x+1$ $[-1,\ 2]$

   (b) $f(x)=\dfrac{3}{x+1}$ $[1,\ 2]$

3. 방정식 $e^x+x-2=0$은 구간$[0,2]$에서 적어도 하나의 실근을 가짐을 보여라.

4. $\pi<x<\dfrac{3}{2}\pi$에서 $\sin x=x\cos x$가 적어도 하나의 실근을 가짐을 보여라.

제 4 장
미분

4.1 변화율과 도함수

4.1.1 변화율과 미분계수

1. 함수의 변화율

정의 4.1 평균변화율

함수 $f(x)$에서 $\triangle x = b - a, \triangle y = f(b) - f(a)$ 라 하자. 이때,

$$\frac{\Delta y}{\Delta x} = \frac{f(b) - f(a)}{b - a}$$

를 구간 $[a, b]$에서의 f의 평균변화율이라 한다.

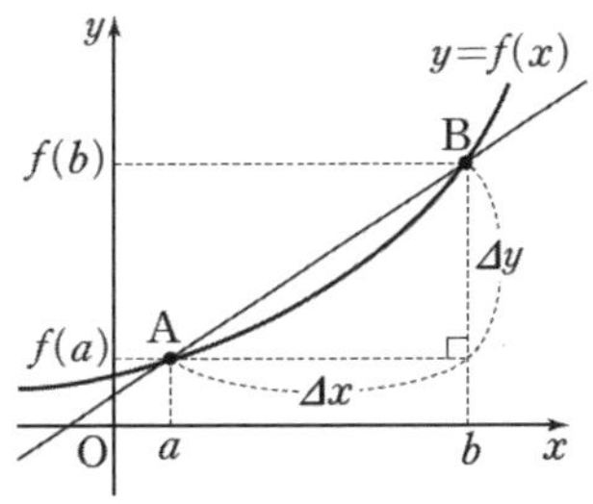

<기하학적 의미>

평균변화율은 위의 그림에서 두 점 A, B를 잇는 선분의 기울기를 뜻한다. 즉, 함수 $y = f(x)$는 x의 값이 a에서 b까지 변할 때, y의 값은 $f(a)$에서 $f(b)$까지 변한다. x의 증분 Δx에 대한 y의 증분 Δy의 비율은

$$\frac{\Delta y}{\Delta x} = \frac{f(b) - f(a)}{b - a}$$

이고, 이 값은 두 점 $\mathrm{A}(a,\ f(a))$, $\mathrm{B}(b,\ f(b))$를 지나는 직선의 기울기와 같다.

정의 4.2 미분계수(순간변화율)

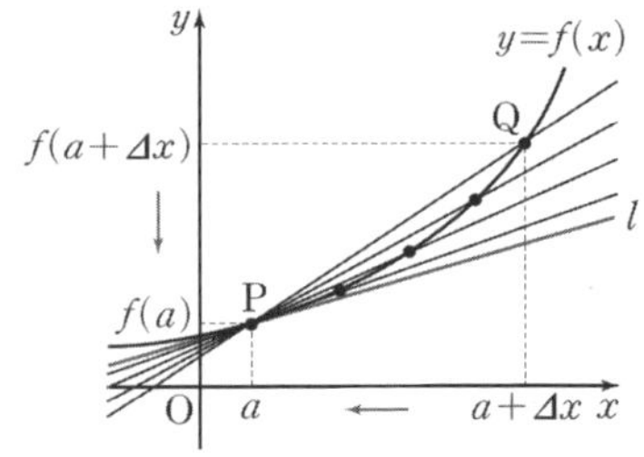

함수 $y = f(x)$의 구간 $[a, a+\Delta x]$에서의 평균변화율 $\dfrac{\Delta y}{\Delta x}$에서 $\Delta x \to 0$일 때의 극한값

$$\lim_{\Delta x \to 0} \frac{\Delta y}{\Delta x} = \lim_{\Delta x \to 0} \frac{f(a+\Delta x) - f(a)}{\Delta x}$$

가 존재하면, 함수 $f(x)$는 $x = a$에서의 **미분가능하다고** 하고 이때, 이 극한값을 함수 $f(x)$의 $x = a$에서의 **순간변화율**, **변화율** 또는 **미분계수**라 하고,

$$f'(a),\ y'_{x=a},\ \left[\frac{dy}{dx}\right]_{x=a}$$

등으로 나타낸다.

<기하학적 의미>

곡선 $y = f(x)$ 위의 점 P에서의 접선을 l이라 하고, 점 P를 접선 l의 접점이라고 할 때,

$$\lim_{x \to a} \frac{f(x) - f(a)}{x - a}$$

는 곡선 $y = f(x)$ 위의 점 $P(a, f(a))$에서의 접선 l의 기울기를 나타낸다.
한편, $\displaystyle\lim_{x \to a} \frac{f(x) - f(a)}{x - a}$가 존재한다는 의미는 접선이 유일하게 존재한다는 의미이다.

문제 4.1

다음 각 함수 f에 대하여 $f'(1)$를 미분계수의 정의를 이용하여 계산하여라.

1. $f(x) = x^2 + 1$
2. $f(x) = \sqrt{x+1}$

풀이 4.1

1. $$\begin{aligned} f'(1) &= \lim_{\Delta x \to 0} \frac{f(1+\Delta x)-f(1)}{\Delta x} = \lim_{\Delta x \to 0} \frac{(1+\Delta x)^2+1-2}{\Delta x} \\ &= \lim_{\Delta x \to 0} \frac{\Delta x(2+\Delta x)}{\Delta x} \\ &= 2 \end{aligned}$$

2. $$\begin{aligned} f'(1) &= \lim_{\Delta x \to 0} \frac{f(1+\Delta x)-f(1)}{\Delta x} = \lim_{\Delta x \to 0} \frac{\sqrt{1+\Delta x+1}-\sqrt{2}}{\Delta x} \\ &= \lim_{\Delta x \to 0} \frac{\Delta x}{\Delta x(\sqrt{2+\Delta x}+\sqrt{2})} \\ &= \frac{1}{2\sqrt{2}} \\ &= \frac{\sqrt{2}}{4} \end{aligned}$$

한편 $f'(a) = \lim_{\Delta x \to 0} \frac{f(a+\Delta x)-f(a)}{\Delta x}$에서 $a + \Delta x = x$라고 하면 $\Delta x = x - a$이고, $\Delta x \to 0$일 때 $x \to a$이므로

$$f'(a) = \lim_{x \to a} \frac{f(x)-f(a)}{x-a}$$

와 같이 나타낼 수도 있다.

<미분계수의 여러 가지 표현>

$$f'(a) = \lim_{\Delta x \to 0} \frac{f(a+\Delta x)-f(a)}{\Delta x} = \lim_{h \to 0} \frac{f(a+h)-f(a)}{h} = \lim_{x \to a} \frac{f(x)-f(a)}{x-a}$$

문제 4.2

1. 다음을 $f'(1)$로 나타내어라.
   1. $\lim_{h \to 0} \frac{f(1+3h)-f(1)}{2h}$
   2. $\lim_{h \to 0} \frac{f(1+2h)-f(1+3h)}{h}$

풀이 4.2

1. $$\lim_{h\to 0}\frac{f(1+3h)-f(1)}{2h} = \lim_{h\to 0}\frac{f(1+3h)-f(1)}{3h}\times\frac{3}{2} \leftarrow (\because 3h=\Delta x\text{로 본다})$$
$$= \lim_{\Delta x\to 0}\frac{f(1+\Delta x)-f(1)}{\Delta x}\times\frac{3}{2}=\frac{3}{2}f'(1)$$

2. $$\lim_{h\to 0}\frac{f(1+2h)-f(1+3h)}{h} = \lim_{h\to 0}\frac{f(1+2h)-f(1)+f(1)-f(1+3h)}{h}$$
$$= \lim_{h\to 0}\frac{f(1+2h)-f(1)}{h}-\lim_{h\to 0}\frac{f(1+3h)-f(1)}{h}$$
$$= 2\lim_{h\to 0}\frac{f(1+2h)-f(1)}{2h}-3\lim_{h\to 0}\frac{f(1+3h)-f(1)}{3h}$$
$$\leftarrow (\because 2h=\Delta x, 3h=\Delta x\text{로 본다})$$
$$= 2\lim_{\Delta x\to 0}\frac{f(1+\Delta x)-f(1)}{\Delta x}-3\lim_{\Delta x\to 0}\frac{f(1+\Delta x)-f(1)}{\Delta x}$$
$$= 2f'(1)-3f'(1)$$
$$= -f'(1)$$

2. 함수의 미분가능성과 연속성

함수 $f(x)$가 $x=a$에서 미분가능하면 미분계수

$$f'(a)=\lim_{x\to a}\frac{f(x)-f(a)}{x-a}$$

가 존재하므로

$$\begin{aligned}\lim_{x\to a} f(x)-f(a) &= \lim_{x\to a}\left\{\frac{f(x)-f(a)}{x-a}\times(x-a)\right\}\\ &= \lim_{x\to a}\frac{f(x)-f(a)}{x-a}\times\lim_{x\to a}(x-a)\\ &= f'(a)\times 0\\ &= 0\end{aligned}$$

이다. 즉,

$$\lim_{x\to a} f(x)=f(a)$$

이므로 함수 $f(x)$는 $x=a$에서 연속이다. 따라서 다음 정리가 성립한다.

정리 4.1

미분가능성과 연속성

함수 $f(x)$가 $x=a$에서 미분가능하면, 함수 $f(x)$는 $x=a$에서 연속이다.

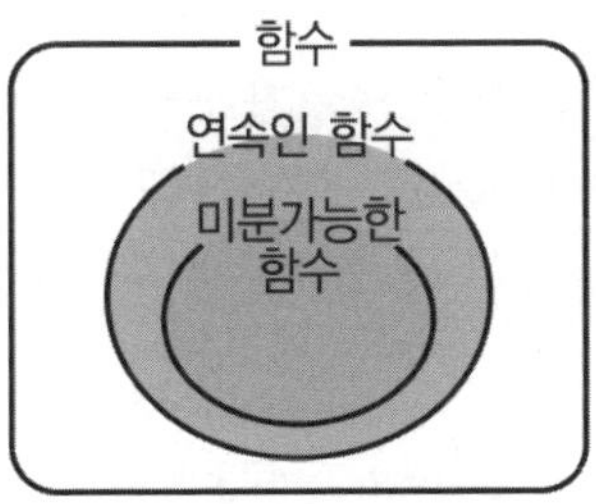

[참고] 함수 $f(x)$가 $x=a$에서 불연속이면, $f(x)$는 $x=a$에서 미분불가능하다.

문제 4.3

함수 $f(x) = |x|$는 $x = 0$에서 연속이지만 미분가능하지 않음을 보여라.

풀이 4.3

$\lim_{x\to0} f(x) = \lim_{x\to0}|x| = 0 = f(0)$이므로 함수 $f(x)$는 $x = 0$에서 연속이다. 한편,

$$\lim_{x\to0+}\frac{f(x)-f(0)}{x} = \lim_{x\to0+}\frac{|x|}{x} = \lim_{x\to0+}\frac{x}{x} = 1\ ,$$
$$\lim_{x\to0-}\frac{f(x)-f(0)}{x} = \lim_{x\to0-}\frac{|x|}{x} = \lim_{x\to0-}\frac{-x}{x} = -1$$

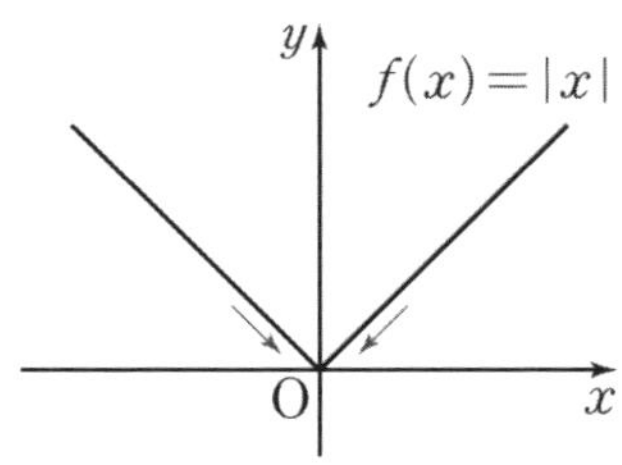

이므로

$$\lim_{x\to0}\frac{f(x)-f(0)}{x}$$

는 존재하지 않는다.

따라서 함수 $f(x) = |x|$는 $x = 0$에서 미분가능하지 않다.

문제 4.4

$$f(x) = \begin{cases} x^2+3x+1\ (x \geq 1) \\ ax+b\ (x<1) \end{cases}$$ 가 $x = 1$에서 미분가능하도록 a, b의 값을 각각 구하여라.

풀이 4.4

주어진 함수 $f(x)$가 $x = 1$에서 미분가능하므로 $x = 1$에서 연속이다.
즉 $f(1) = \lim_{x\to1} f(x)$이다.

$$\lim_{x\to1} f(x) = \begin{cases} \lim_{x\to1^+}(x^2+3x+1) = 1+3+1 = 5 \\ \lim_{x\to1^-}(ax+b) = a+b \end{cases} \Rightarrow a+b = 5\cdots\cdots\cdots ①$$

또한 $f(x)$가 $x=1$에서 미분가능하므로 $x=1$에서의 미분계수가 존재한다.

$$\lim_{x\to 1}\frac{f(x)-f(1)}{x-1}=\begin{cases}\displaystyle\lim_{x\to 1+0}\frac{(x^2+3x+1)-(1+3+1)}{x-1}\cdots\cdots ② \\ \displaystyle\lim_{x\to 1-0}\frac{(ax+b)-(1+3+1)}{x-1}\cdots\cdots ③\end{cases}$$

위 식 ②의 극한값을 구해 보면

$$\lim_{x\to 1+0}\frac{x^2+3x-4}{x-1}=\lim_{x\to 1+0}\frac{(x-1)(x+4)}{x-1}=5$$

이다. 식 ③에 $b=-a+5$를 대입하면

$$\lim_{x\to 1-0}\frac{ax+(-a+5)-5}{x-1}=5 \Leftrightarrow \lim_{x\to 1-0}\frac{a(x-1)}{x-1}=5 \Leftrightarrow a=5$$

이다. 따라서 $a=5,\ b=-a+5=0$이다.

문제 4.5

$f(x)=\begin{cases}ax^2\ (x\le 1)\\ (x-2)^2+b\ (x>1)\end{cases}$ 가 $x=1$에서 미분가능하도록 a, b, c의 값을 각각 구하여라.

풀이 4.5

주어진 함수 $f(x)$가 $x=1$에서 미분가능하므로 $x=1$에서 연속이다. 즉 $f(1)=\lim_{x\to 1}f(x)$이다.

$$\lim_{x\to 1}f(x)=\begin{cases}\displaystyle\lim_{x\to 1^+}(x-2)^2+b=1+b \\ \displaystyle\lim_{x\to 1^-}ax^2=a\end{cases} \Rightarrow 1+b=a\cdots\cdots\cdots ①$$

또한 $f(x)$가 $x=1$에서 미분가능하므로 $x=1$에서의 미분계수가 존재한다.

$$\lim_{x\to 1}\frac{f(x)-f(1)}{x-1}=\begin{cases}\displaystyle\lim_{x\to 1+0}\frac{(x-2)^2+b-a}{x-1}\cdots\cdots ② \\ \displaystyle\lim_{x\to 1-0}\frac{ax^2-a}{x-1}\cdots\cdots ③\end{cases}$$

위 식 ③의 극한값을 구해 보면

$$\lim_{x\to 1-0}\frac{ax^2-a}{x-1}=\lim_{x\to 1-0}\frac{a(x-1)(x+1)}{x-1}=2a$$

이다. 식 ②에 $b=a-1$를 대입하면

$$\lim_{x\to 1+0}\frac{(x-2)^2+(a-1)-a}{x-1}=2a \Leftrightarrow \lim_{x\to 1+0}\frac{(x-3)(x-1)}{x-1}=2a \Leftrightarrow -2=2a$$

이다. 따라서 $a=-1$, $b=a-1=-2$이다.

연습문제

1. 다음을 미분계수의 정의를 이용하여 $f'(0)$를 구하여라.

   (a) $f(x) = x^2 - 1$

   (b) $f(x) = 3 - 2x$

   (c) $f(x) = x^2 - 3x$

   (d) $f(x) = \sqrt{x+2} + x$

2. 다음을 $f'(1)$로 나타내어라.

   (a) $\lim_{h \to 0} \dfrac{f(1-h) - f(1)}{h}$ (b) $\lim_{h \to 0} \dfrac{f(1+h) - f(1-h)}{h}$

3. 다항함수 $f(x)$에서 $f'(0) = 1$라 할 때, $\lim_{n \to \infty} n^3 \left\{ f\left(\dfrac{2}{n}\right) - f(0) \right\}^3$ 의 값을 구하여라.

4. 다음 함수가 $x = 1$에서 미분가능하도록 a와 b의 값을 각각 구하여라.

   (a) $f(x) = \begin{cases} x^2 + 3x + 1 \; (x \geq 1) \\ ax + b \; (x < 1) \end{cases}$

   (b) $f(x) = \begin{cases} x^2 + ax + b \; (x \geq 1) \\ x + 1 \; (x < 1) \end{cases}$

4.1.2 도함수

1. 도함수의 정의

함수 $f(x)$의 미분가능한 각 점 a에 미분계수 $f'(a)$를 대응시키게 되면, 그 대응규칙은 하나의 함수로 이해할 수 있다. 이렇게 얻어진 함수를 $f(x)$의 도함수라 한다.

정의 4.3 도함수

함수 $f(x)$가 정의역 X에서 미분가능하면 정의역의 각 원소 x에 대하여 미분계수 $f'(x)$를 대응시키는 새로운 함수

$$f' : X \to \mathbb{R}, \quad f'(x) = \lim_{\Delta x \to 0} \frac{f(x+\Delta x) - f(x)}{\Delta x}$$

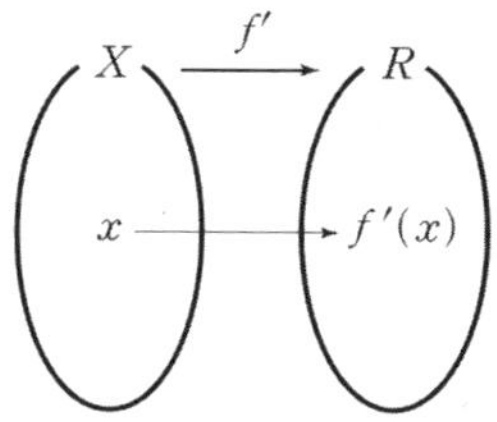

를 얻을 수 있다.

이때 이 함수 $f'(x)$를 **함수 $f(x)$의 도함수**라 하고, 이를 기호로 $f'(x)$, y', $\dfrac{dy}{dx}$, $\dfrac{df}{dx}$로 표현한다.

예를 들어, 함수 $f(x) = x^2$에 대하여 도함수를 구하여 보면 다음과 같다.

$$\begin{aligned} f'(x) &= \lim_{\Delta x \to 0} \frac{f(x+\Delta x) - f(x)}{\Delta x} = \lim_{\Delta x \to 0} \frac{(x+\Delta x)^2 - x^2}{\Delta x} \\ &= \lim_{\Delta x \to 0} \frac{(x+\Delta x + x)(x + \Delta x - x)}{\Delta x} = \lim_{\Delta x \to 0} (2x + \Delta x) \cdot \frac{\Delta x}{\Delta x} = 2x \end{aligned}$$

따라서 함수 $f(x) = x^2$의 도함수는 $f'(x) = 2x$이고,

$$f'(x) = 2x, \ y' = 2x, \ \frac{dy}{dx} = 2x, \ \frac{d}{dx} f(x) = 2x$$

와 같이 나타낼 수 있다.

한편, 함수 $f(x)$에서 도함수 $f'(x)$를 구하는 것을 $f(x)$를 x에 관하여 **미분한다고** 하고, 그 계산법을 **미분법**이라 한다.

문제 4.6

도함수의 정의를 이용하여 함수 $f(x) = 3x^2 + 1$의 도함수를 구하여라.

풀이 4.6

$$
\begin{aligned}
f'(x) &= \lim_{\Delta x \to 0} \frac{f(x+\Delta x) - f(x)}{\Delta x} \\
&= \lim_{\Delta x \to 0} \frac{3(x+\Delta x)^2 + 1 - 3x^2 - 1}{\Delta x} \\
&= 3\lim_{\Delta x \to 0} \frac{(x+\Delta x + x)(x + \Delta x - x)}{\Delta x} \\
&= 3\lim_{\Delta x \to 0} (2x + \Delta x) \times \frac{\Delta x}{\Delta x} \\
&= 6x
\end{aligned}
$$

$$\therefore f'(x) = 6x$$

연습문제

1. 도함수의 정의를 사용하여 함수의 도함수를 구하여라. 함수와 도함수의 정의역을 각각 구하여라.

   (a) $f(x) = 5x - 2$

   (b) $f(x) = 3 - 2x^2$

   (c) $f(x) = x^3 - 3x + 5$

   (d) $f(x) = \sqrt{1 + 2x}$

   (e) $f(x) = \dfrac{4x}{x + 1}$

   (f) $f(x) = x^4$

2. $f(x+y) = 2f(x)f(y)$이고 $f'(0) = a$일 때, $\dfrac{f'(x)}{f(x)}$를 a로 나타내어라.(단,$f(x) > 0$)

3. 함수 $f(x) = x|x|$일 때,

   (a) 함수 $f(x)$의 미분가능성을 조사하여라.

   (b) 함수 $f(x)$의 도함수 $f'(x)$을 구하여라.

4.1.3 도함수의 기본공식

1. 미분공식

함수 $f(x)=x^n$(n은 양의 정수)의 도함수를 구하면 다음과 같다.

$$\begin{aligned}
f'(x) &= \lim_{h\to 0}\frac{f(x+h)-f(x)}{h}=\lim_{h\to 0}\frac{(x+h)^n-x^n}{h}\\
&= \lim_{h\to 0}\frac{\{(x+h)-x\}\{(x+h)^{n-1}+(x+h)^{n-2}x+\cdots+x^{n-1}\}}{h}\\
&= \lim_{h\to 0}(x+h)^{n-1}+(x+h)^{n-2}x+\cdots+x^{n-1}\\
&= x^{n-1}+x^{n-1}+\cdots+x^{n-1}=nx^{n-1}
\end{aligned}$$

한편 상수함수 $f(x)=c$(c는 상수)의 도함수는

$$f'(x)=\lim_{h\to 0}\frac{f(x+h)-f(x)}{h}=\lim_{h\to 0}\frac{c-c}{h}=0$$

이다.

정리 4.2

도함수의 기본공식

미분가능한 두 함수 $f(x), g(x)$에 대하여 다음이 성립한다.

1. $y=c \Rightarrow y'=0$ (c는 상수)
2. $y=x^n \Rightarrow y'=nx^{n-1}$ (n는 정수)
3. $(f\pm g)'(x)=f'(x)\pm g'(x)$ (복호동순)
4. $(cf)'(x)=c\,f'(x)$ (c는 상수)
5. $(fg)'(x)=f'(x)g(x)+f(x)g'(x)$
6. $\left(\dfrac{f}{g}\right)'(x)=\dfrac{(f(x))'g(x)-f(x)(g(x))'}{(g(x))^2}$

증명

1. $h(x) = f(x) + g(x)$라 하자.

$$\begin{aligned} h'(x) = & \lim_{\Delta x \to 0} \frac{h(x+\Delta x) - h(x)}{\Delta x} \\ &= \lim_{\Delta x \to 0} \frac{f(x+\Delta x) + g(x+\Delta x) - f(x) - g(x)}{\Delta x} \\ &= \lim_{\Delta x \to 0} \frac{f(x+\Delta x) - f(x)}{\Delta x} + \lim_{\Delta x \to 0} \frac{g(x+\Delta x) - g(x)}{\Delta x} \\ &= f'(x) + g'(x) \\ & \therefore (f+g)'(x) = f'(x) + g'(x) \end{aligned}$$

2. $h(x) = cf(x)$라 하자.

$$\begin{aligned} h'(x) &= \lim_{\Delta x \to 0} \frac{h(x+\Delta x) - h(x)}{\Delta x} = \lim_{\Delta x \to 0} \frac{cf(x+\Delta x) - cf(x)}{\Delta x} \\ &= c \lim_{\Delta x \to 0} \frac{f(x+\Delta x) - f(x)}{\Delta x} = cf'(x) \\ & \therefore (cf)'(x) = cf'(x) \end{aligned}$$

3. $h(x) = f(x)g(x)$라 하자.

$$\begin{aligned} h'(x) &= \lim_{\Delta x \to 0} \frac{h(x+\Delta x) - h(x)}{\Delta x} \\ &= \lim_{\Delta x \to 0} \frac{f(x+\Delta x)g(x+\Delta x) - f(x)g(x)}{\Delta x} \\ &= \lim_{\Delta x \to 0} \frac{f(x+\Delta x)g(x+\Delta x) - f(x)g(x+\Delta x) + f(x)g(x+\Delta x) - f(x)g(x)}{\Delta x} \\ &= \lim_{\Delta x \to 0} g(x+\Delta x)\frac{f(x+\Delta x) - f(x)}{\Delta x} \\ &+ \lim_{\Delta x \to 0} f(x)\frac{g(x+\Delta x) - g(x)}{\Delta x} \\ &= g(x)f'(x) + g'(x)f(x) \\ &\therefore (fg)'(x) = g(x)f'(x) + g'(x)f(x) \end{aligned}$$

4. $h(x) = \dfrac{f(x)}{g(x)}$라 하자.

$$\begin{aligned} h'(x) &= \lim_{\Delta x \to 0} \frac{h(x+\Delta x) - h(x)}{\Delta x} \\ &= \lim_{\Delta x \to 0} \frac{\dfrac{f(x+\triangle x)}{g(x+\triangle x)} - \dfrac{f(x)}{g(x)}}{\Delta x} \\ &= \lim_{\Delta x \to 0} \frac{\left(\dfrac{f(x+\triangle x) - f(x)}{\triangle x}\right) g(x) - f(x)\left(\dfrac{g(x+\triangle x) - g(x)}{\triangle x}\right)}{g(x+\triangle x)g(x)} \\ &= \frac{(f(x))'g(x) - f(x)(g(x))'}{(g(x))^2} \\ &\therefore \left(\frac{f}{g}\right)'(x) = \frac{(f(x))'g(x) - f(x)(g(x))'}{(g(x))^2} \end{aligned}$$

문제 4.7

다음 함수의 도함수를 구하여라.

1. $y = x^5 - 2x^3 + 2$
2. $y = (x^2 - 1)(3x + 2)$
3. $y = \dfrac{x^2}{x+1}$
4. $y = \dfrac{x^2+1}{x^3+1}$

풀이 4.7

1. $y' = (x^5 - 2x^3 + 2)' = (x^5)' + (-2x^3)' + (2)' = 5x^4 - 2 \times 3x^2 = 5x^4 - 6x^2$

2. $$\begin{aligned} y' &= (x^2-1)'(3x+2) + (x^2-1)(3x+2)' = (2x-0)(3x+2) + 3(x^2-1) \\ &= 9x^2 + 4x - 3 \end{aligned}$$

3. $$y' = \frac{(x^2)'(x+1) - x^2(x+1)'}{(x+1)^2} = \frac{2x(x+1) - x^2}{(x+1)^2} = \frac{2x}{(x+1)^2}$$

4. $$\begin{aligned} y' = \frac{(x^2+1)'(x^3+1) - (x^2+1)(x^3+1)'}{(x^3+1)^2} &= \frac{2x(x^3+1) - 3x^2(x^2+1)}{(x^3+1)^2} \\ &= \frac{2x^4 + 2x - 3x^4 - 3x^2}{(x^3+1)^2} \\ &= \frac{-x^4 - 3x^2 + 2x}{(x^3+1)^2} \end{aligned}$$

함수 $f(x) = \sqrt{x}$의 도함수를 구하면 다음과 같다.

$$f'(x) = \lim_{h \to 0} \frac{\sqrt{x+h} - \sqrt{x}}{h} = \lim_{h \to 0} \frac{(x+h) - x}{h(\sqrt{x+h} + \sqrt{x})} = \frac{1}{2\sqrt{x}}$$

정리 4.3

$y = \sqrt{x}$의 미분공식

$$y = \sqrt{x} \Rightarrow y' = \frac{1}{2\sqrt{x}}$$

연습문제

1. 다음 각 함수의 도함수를 구하여라.

   (a) $f(x) = (x+1)(x^2 - x + 2)$ (b) $f(x) = (x^2+3)(5-2x-3x^2)$

   (c) $f(x) = (x+1)(x+2)(x+3)$ (d) $f(x) = (x^2+1)(x^3+1)(x^4+1)$

2. $\lim\limits_{x \to 3} \dfrac{f(x)-2}{x-3} = 1$, $\lim\limits_{x \to 3} \dfrac{g(x)-1}{x-3} = 2$이고 $h(x) = f(x)g(x)$일 때, $h'(3)$를 구하여라.

3. $x^3 + ax^2 + bx + 1$을 $(x-1)^2$으로 나눈 나머지가 $3x+1$일 때, a와 b의 값을 구하여라.

4. 다음 각 함수의 도함수를 구하여라.

   (a) $y = \dfrac{2x}{x^2-1}$ (b) $y = \dfrac{10}{x^2-1}$

   (c) $y = \dfrac{4t}{t^2-1}$ (d) $y = -\dfrac{7}{t^2}$

4.2 여러 가지 미분법

4.2.1 여러 가지 미분법

합성함수, 음함수, 역함수 등의 좀 더 다양한 형태의 함수에 대한 미분법을 알아보자.

1. 연쇄법칙

합성함수의 미분법을 **연쇄법칙**(chain rule)이라 한다.

정리 4.4

연쇄법칙 (합성함수 미분법)

함수 $f(x)$가 $x=a$에서 미분가능하고, 함수 $g(y)$가 $y=f(a)$에서 미분가능 할 때, 합성함수 $g\circ f$는 a에서 미분가능하고 $(g\circ f)'(a)=g'(f(a))f'(a)$이다.

[참고] 합성함수의 미분은 다음과 같은 규칙성이 있다. $u=f(x), v=g(u)$이라하면

$$\frac{dv}{dx}=\frac{dg}{dx}=\frac{dg}{du}\frac{du}{dx}$$

[설명] $h(x)=(g\circ f)(x)=g(f(x))$라 하자.

$$\begin{aligned} h'(a) &= \lim_{x\to a}\frac{h(x)-h(a)}{x-a}=\lim_{x\to a}\frac{g(f(x))-g(f(a))}{x-a} \\ &= \lim_{x\to a}\left(\frac{g(f(x))-g(f(a))}{f(x)-f(a)}\right)\left(\frac{f(x)-f(a)}{x-a}\right) \\ &= g'(f(a))f'(a) \end{aligned}$$

또, 특별한 경우로 다음 관계가 성립한다.

$y=\{f(x)\}^n$일 때 $y'=n\{f(x)\}^{n-1}f'(x)$

$y=(ax+b)^n$이면 $y'=an(ax+b)^{n-1}$

문제 4.8

다음의 도함수를 구하여라.

1. $y=(x^3+1)^{10}$ 2. $y=\dfrac{1}{(x^2+1)^{10}}$ 3. $y=\dfrac{(x^3-1)^4}{(x^2+1)^6}$

풀이 4.8

1. $y'=10(x^3+1)^9(x^3+1)'=10(x^3+1)^9\times d3x^2=30x^2(x^3+1)^9$

2. $y=\dfrac{1}{(x^2+1)^{10}}=(x^2+1)^{-10}$이므로

$$y'=-10(x^2+1)^{-11}(x^2+1)'=-10(x^2+1)^{-11}\times 2x=-\frac{20x}{(x^2+1)^{11}}$$

3.
$$\begin{aligned}
y' &= \frac{\left\{(x^3-1)^4\right\}'(x^2+1)^6-(x^3-1)^4\left\{(x^2+1)^6\right\}'}{(x^2+1)^{12}}\\
&= \frac{4(x^3-1)^3(x^3-1)'(x^2+1)^6-(x^3-1)^4\times 6(x^2+1)^5\times(x^2+1)'}{(x^2+1)^{12}}\\
&= \frac{12x^2(x^3-1)^3(x^2+1)^6-12x(x^3-1)^4(x^2+1)^5}{(x^2+1)^{12}}\\
&= \frac{12x(x^3-1)^3(x+1)}{(x^2+1)^7}
\end{aligned}$$

2. 음함수 미분법

함수가 $y=\sqrt{x^2+1}$과 $y=x^3-2x+1$ 처럼 $y=f(x)$ 형태로 주어졌을 때, y는 x에 대한 <u>양함수</u>라고 한다. 한편, $x^2+y^2=1$, $x^3+y^3=6xy$ 처럼 $f(x,y)=0$의 형태로 x,y에 관한 방정식으로 주어졌을 때, y는 x에 대한 <u>음함수</u>라고 한다.

이렇게 y가 x에 대하여 음함수로 주어진 경우 곡선 $f(x,y)=0$를 하나의 양함수로 표현할 수 없을 때도 연쇄법칙을 이용하면 도함수를 구할 수 있다. 왜냐하면 모든 음함수는 곡선 위의 각 점의 어떤 근방에서는 양함수로 표현할 수 있다. 이때 $y=y(x)$라면

$$0=\frac{d}{dx}f(x,y)=\frac{d}{dx}f(x,y(x))=\frac{df}{dx}+\frac{df}{dy}\frac{dy}{dx}$$ 이다.

정리 4.5

음함수 미분법

$g(y) = f(x)$ 형태의 음함수의 경우라면

$$f'(x) = \frac{d}{dx}g(y) = \frac{d}{dy}g(x)\frac{dy}{dx}$$

문제 4.9

다음에서 $\frac{dy}{dx}$ 를 구하라

1. $x^2 + y^2 = 1$
2. $y = \sqrt{x^2 + 4x + 1}$
3. $\sqrt{x} + \sqrt{y} = 1$

풀이 4.9

1. $x^2 + y^2 = 1$ 의 각 항을 x 에 관하여 미분하면 $2x + 2y\frac{dy}{dx} = 0$ 이므로 $\frac{dy}{dx} = -\frac{x}{y}$ 이다.

2. $y = \sqrt{x^2 + 4x + 1} \Leftrightarrow y = (x^2 + 4x + 1)^{\frac{1}{2}}$ 의 각 항을 x 에 관하여 미분하면

$$\frac{dy}{dx} = \frac{1}{2}(x^2 + 4x + 1)^{\frac{1}{2}-1}(x^2 + 4x + 1)' = \frac{1}{2}(x^2 + 4x + 1)^{-\frac{1}{2}}(2x + 4)$$

이므로 $\frac{dy}{dx} = \frac{x+2}{\sqrt{x^2 + 4x + 1}}$ 이다.

3. $\sqrt{x} + \sqrt{y} = 1 \Leftrightarrow x^{\frac{1}{2}} + y^{\frac{1}{2}} = 1$ 의 각 항을 x 에 관하여 미분하면

$$\frac{1}{2}x^{-\frac{1}{2}} + \frac{1}{2}y^{-\frac{1}{2}}\frac{dy}{dx} = 0 \Leftrightarrow \frac{1}{\sqrt{x}} + \frac{1}{\sqrt{y}}\frac{dy}{dx} = 0$$

이므로 $\frac{dy}{dx} = -\frac{\sqrt{y}}{\sqrt{x}}$ 이다.

3. 역함수의 미분법

함수 f의 역함수를 g라고 할 때, g의 도함수에 대하여 알아보자.
$y = g(x)$라 하면 $x = f(y)$이므로 양변을 x에 관해 미분하면

$$1 = \frac{d}{dx}f(y) = \frac{d}{dy}f(y)\frac{dy}{dx} \text{ 이고 } \frac{dy}{dx} = \frac{1}{f'(y)} = \frac{1}{f'(g(x))}$$

이다.

정리 4.6

역함수의 도함수

$f(x)$가 미분가능한 함수일 때, $g(x) = f^{-1}(x)$이면 역함수가 $x = g(y)$가 존재하고 미분가능하며

$$g'(x) = \frac{1}{f'(f^{-1}(x))}$$

이다. (단, $f'\left(f^{-1}(x)\right) \neq 0$)

문제 4.10

함수 $f(x) = x^3 + x + 1$에 대하여 $\left(f^{-1}\right)'(1)$을 구하여라.

풀이 4.10

$g = f^{-1}$라 하면 $f(0) = 1$이고, $f'(x) = 3x^2 + 1$이므로

$$g'(1) = \frac{1}{f'(0)} = \frac{1}{3(0)^2 + 1} = 1$$

따라서 $\left(f^{-1}\right)'(1) = 1$이다.

연습문제

1. 다음 각 함수의 도함수를 구하여라.

(a) $y = (x^2 - 1)^{10}$

(b) $y = (ax^2 + bx + c)^{10}$

(c) $y = (x^2 + 1)^{10}(x^3 - 1)^5$

(d) $y = (x^3 + 1)^5(x^2 - 1)^6$

2. 다음 각 함수의 도함수를 구하여라.

(a) $y = \dfrac{1}{(x^3 - 1)^5}$

(b) $y = \dfrac{10}{x^2 + 1}$

(c) $y = \dfrac{(x^{10} + 1)^2}{(x^4 - 1)^5}$

(d) $y = \dfrac{(5x^2 - 1)^3}{4x + 3}$

3. 다음 각 함수에 대하여 $\dfrac{dy}{dx}$를 구하여라.

(a) $x^2 + 3y^2 = 1$

(b) $\dfrac{x^2}{4} + \dfrac{y^2}{9} = 1$

(c) $-(x + 1)^2 + \dfrac{(y - 1)^2}{4} = 1$

(d) $xy = 1$

(e) $y = \dfrac{10}{\sqrt{x^2 - 2x + 5}}$

(f) $y = (x + 1)\sqrt{x^2 + 6x + 1}$

4. 함수 $f(x) + x^2[f(x)]^3 = 10$이고 $f(1) = 2$일 때 $f'(1)$을 구하여라.

4.2.2 삼각함수의 미분법

1. 삼각함수의 도함수

정리 4.7

삼각함수의 도함수 공식

1. $(\sin x)' = \cos x$
2. $(\cos x)' = -\sin x$
3. $(\tan x)' = \sec^2 x$
4. $(\cot x)' = -\csc^2 x$
5. $(\sec x)' = \sec x \tan x$
6. $(\csc x)' = -\csc x \cot x$

[참고] 앞으로 특별한 설명이 없는 한 삼각함수에서 변수는 호도법을 사용한다.

증명

1.
$$\begin{aligned}(\sin x)' &= \lim_{h\to 0}\frac{\sin(x+h)-\sin x}{h}\\ &= \lim_{h\to 0}\frac{\sin x\cos h+\cos x\sin h-\sin x}{h}\\ &= \lim_{h\to 0}\frac{\cos x\sin h-\sin x(1-\cos h)}{h}\\ &= \lim_{h\to 0}\frac{\cos x\sin h}{h}-\lim_{h\to 0}\frac{\sin x(1-\cos h)}{h}\\ &= \cos x\lim_{h\to 0}\frac{\sin h}{h}-\sin x\lim_{h\to 0}\frac{1-\cos h}{h}\end{aligned}$$

이때 $\lim_{h\to 0} \frac{\sin h}{h} = 1$ 이고

$$\begin{aligned}\lim_{h\to 0} \frac{1-\cos h}{h} &= \lim_{h\to 0} \frac{(1-\cos h)(1+\cos h)}{h(1+\cos h)} \\ &= \lim_{h\to 0} \frac{\sin^2 h}{h} \frac{1}{(1+\cos h)} \\ &= \lim_{h\to 0} \left(\frac{\sin h}{h}\right)^2 \left(\frac{h}{1+\cos h}\right) \\ &= 0\end{aligned}$$

이므로

$$(\sin x)' = \cos x \times 1 - \sin x \times 0 = \cos x$$

이다.

2. $$\begin{aligned}(\cos x)' &= \lim_{h\to 0} \frac{\cos(x+h) - \cos x}{h} \\ &= \lim_{h\to 0} \frac{\cos x \cos h - \sin x \sin h - \cos x}{h} \\ &= \lim_{h\to 0} \frac{-\sin x \sin h + \cos x(\cos h - 1)}{h} \\ &= \lim_{h\to 0} \frac{-\sin x \sin h}{h} + \lim_{h\to 0} \frac{\cos x(\cos h - 1)}{h} \\ &= -\sin x \lim_{h\to 0} \frac{\sin h}{h} + \cos x \lim_{h\to 0} \frac{\cos h - 1}{h}\end{aligned}$$

이때 $\lim_{h\to 0} \frac{\sin h}{h} = 1$이고 $\lim_{h\to 0} \frac{\cos h - 1}{h} = 0$이므로

$$(\cos x)' = (-\sin x) \times 1 + (\cos x) \times 0 = -\sin x$$

이다.

3. $$\begin{aligned}(\tan x)' = \left(\frac{\sin x}{\cos x}\right)' &= \frac{(\sin x)' \cos x - \sin x (\cos x)'}{\cos^2 x} \\ &= \frac{\cos^2 x + \sin^2 x}{\cos^2 x} = \frac{1}{\cos^2 x}\end{aligned}$$

$$\therefore (\tan x)' = \sec^2 x$$

문제 4.11

$y=\sin(3x+1)$일 때, $\dfrac{dy}{dx}$를 구하여라.

풀이 4.11

$$\frac{dy}{dx}=(3x+1)'\cos(3x+1)=3\cos(3x+1)$$

문제 4.12

다음에서 $\dfrac{dy}{dx}$를 구하여라.

1. $y=\cos^2(x^3+1)$
2. $y=\tan^3(x^3+1)$
3. $y=\sec(\sqrt{x}+1)$

풀이 4.12

1. $$\begin{aligned}\frac{dy}{dx}&=2\cos(x^3+1)\left[\cos(x^3+1)\right]'\\&=-6x^2\sin(x^3+1)\cos(x^3+1)\\&\therefore\frac{dy}{dx}=-6x^2\sin(x^3+1)\cos(x^3+1)\end{aligned}$$

2. $$\begin{aligned}\frac{dy}{dx}&=3\tan^2(x^3+1)\times\left[\tan(x^3+1)\right]'\\&=3\tan^2(x^3+1)\times(x^3+1)'\times\sec^2(x^3+1)\\&=3\times3x^2\tan^2(x^3+1)\sec^2(x^3+1)\\&=9x^2\tan^2(x^3+1)\sec^2(x^3+1)\\&\therefore\frac{dy}{dx}=9x^2\tan^2(x^3+1)\sec^2(x^3+1)\end{aligned}$$

풀이 4.12

3. $$\frac{dy}{dx} = [\sec(\sqrt{x}+1)]'$$

$$= \sec(\sqrt{x}+1)\tan(\sqrt{x}+1) \times (\sqrt{x}+1)'$$

$$= \frac{1}{2\sqrt{x}}\sec(\sqrt{x}+1)\tan(\sqrt{x}+1)$$

$$\therefore \frac{dy}{dx} = \frac{1}{2\sqrt{x}}\sec(\sqrt{x}+1)\tan(\sqrt{x}+1)$$

연습문제

1. 다음 각 함수에 대해 $\dfrac{dy}{dx}$을 구하여라.

   (a) $y = \cos(\sqrt{x} - x)$

   (b) $y = \tan(2 - x^2)$

   (c) $y = \sin 2x \cos 3x$

   (d) $y = \tan 2x \cot 5x$

   (e) $y = \sin(\cos x)$

   (f) $y = \dfrac{x}{\sin x}$

2. 다음 각 함수에 대해 $\dfrac{dy}{dx}$를 구하여라.

   (a) $y = \csc^3(4x^2 + 1)$

   (b) $y = \sin^4\left(\dfrac{1}{x} + x^2\right)$

   (c) $y = \sec^2(1 + \sin x)$

   (d) $y = \cot^4\left(\dfrac{1}{x} + 1\right)$

4.2.3 지수함수와 로그함수의 미분법

$y = \ln x$, $y = e^x$, $y = a^x$ 및 $y = \log_a x$ 등 지수함수와 로그함수의 도함수에 대하여 살펴보자.

1. 지수함수의 도함수

지수함수 $y = e^x$ 의 도함수를 구하여 보자.

$$(e^x)' = \lim_{h \to 0} \frac{e^{x+h} - e^x}{h} = \lim_{h \to 0} \frac{e^x(e^h - 1)}{h} = e^x \lim_{h \to 0} \frac{e^h - 1}{h}$$

이때

$\displaystyle \lim_{h \to 0} \frac{e^h - 1}{h} = 1 \ (\because e^h - 1 = t$라 하면 $\displaystyle \lim_{t \to 0} \frac{t}{\ln(t+1)} = \lim_{t \to 0} \frac{1}{\ln(t+1)^{\frac{1}{t}}} = \frac{1}{\ln e} = 1)$

이므로

$$(e^x)' = e^x \times 1 = e^x$$

이다.

한편 지수함수 $y = a^x$ 의 도함수는 $a^x = e^{x \ln a}$ 라는 사실로부터 연쇄법칙을 적용하면

$$(a^x)' = e^{x \ln a}(x \ln a)' = a^x \ln a$$

이다.

정리 4.8

지수함수의 미분공식

1. $(e^x)' = e^x$
2. $(a^x)' = a^x \ln a$

문제 4.13

다음 함수의 $\dfrac{dy}{dx}$를 구하여라.

1. $y = 5^{3x-2}$

2. $y = e^x \sin x$

풀이 4.13

1. $$\begin{aligned}\frac{dy}{dx} &= 5^{3x-2} \times (3x-2)' \times \ln 5 \\ &= 3 \times 5^{3x-2} \times \ln 5 \\ &\therefore \frac{dy}{dx} = 3 \times 5^{3x-2} \times \ln 5\end{aligned}$$

2. $$\begin{aligned}\frac{dy}{dx} &= (e^x)' \sin x + e^x(\sin x) \\ &= e^x \sin x + e^x \cos x \\ &\therefore \frac{dy}{dx} = e^x(\sin x + \cos x)\end{aligned}$$

2. 로그함수의 도함수

로그함수 $y = \ln x$의 도함수를 구하여 보자.

$$\begin{aligned}(\ln x)' &= \lim_{h\to 0} \frac{\ln(x+h) - \ln x}{h} = \lim_{h\to 0} \frac{1}{h} \ln\left(1 + \frac{h}{x}\right) \\ &= \lim_{h\to 0} \ln\left(1 + \frac{h}{x}\right)^{\frac{1}{h}} = \lim_{h\to 0} \ln\left\{\left(1 + \frac{h}{x}\right)^{\frac{x}{h}}\right\}^{\frac{1}{x}} \\ &= \frac{1}{x} \lim_{h\to 0} \ln\left(1 + \frac{h}{x}\right)^{\frac{x}{h}} = \frac{1}{x} \ln\left\{\lim_{h\to 0}\left(1 + \frac{h}{x}\right)^{\frac{x}{h}}\right\}\end{aligned}$$

이때 $\displaystyle\lim_{h\to 0}\left(1 + \frac{h}{x}\right)^{\frac{x}{h}} = e$이므로

$$(\ln x)' = \frac{1}{x} \ln e = \frac{1}{x}$$

이다. 함수 $y = \log_a x (a > 0, a \neq 1)$의 도함수는

$$(\log_a x)' = \left(\frac{\ln x}{\ln a}\right)' = \frac{1}{\ln a} \times (\ln x)' = \frac{1}{\ln a} \times \frac{1}{x} = \frac{1}{x \ln a}$$

이다.

정리 4.9

로그함수의 미분공식

1. $(\ln x)' = \frac{1}{x} \ (x > 0)$
2. $(\log_a x)' = \frac{1}{x \ln a} \ (a > 0, a \neq 1, x > 0)$

문제 4.14

다음 함수의 $\frac{dy}{dx}$를 구하여라.

1. $y = \ln(x + \sqrt{x^2 - 1})$
2. $y = \sqrt{\frac{(x-3)^3}{(x-1)(x-2)}}$

풀이 4.14

1. $$\frac{dy}{dx} = \frac{(x + \sqrt{x^2-1})'}{x + \sqrt{x^2-1}} = \frac{1 + \frac{x}{\sqrt{x^2-1}}}{x + \sqrt{x^2-1}} = \frac{1}{\sqrt{x^2-1}}$$
   $$\therefore \frac{dy}{dx} = \frac{1}{\sqrt{x^2-1}}$$

2. $y = \sqrt{\frac{(x-3)^3}{(x-1)(x-2)}}$ 의 양변에 자연로그를 잡으면
   $$\ln y = \frac{3}{2} \ln |x-3| - \frac{1}{2} \ln |x-1| - \frac{1}{2} \ln |x-2|$$
   $$\Rightarrow \frac{1}{y}\frac{dy}{dx} = \frac{3}{2}\left(\frac{1}{x-3}\right) - \frac{1}{2}\left(\frac{1}{x-1}\right) - \frac{1}{2}\left(\frac{1}{x-2}\right)$$
   $$\therefore \frac{dy}{dx} = \frac{y}{2}\left(\frac{3}{x-3} - \frac{1}{x-1} - \frac{1}{x-2}\right)$$

연습문제

1. 다음 각 함수의 도함수를 구하여라.

   (a) $y = 3^{x^2+x}$ (b) $y = \dfrac{1}{5^{x^2+1}}$

2. 다음 각 함수에 대해 $\dfrac{dy}{dx}$를 구하여라.

   (a) $y = e^{\sqrt{x}}$ (b) $y = \cos(\ln x)$

   (c) $y = \dfrac{e^x \cos x}{1 + \sin x}$ (d) $y = x^{\frac{1}{x}}$

   (e) $y = x^{\ln x}$ (f) $y = (\cos x)^{\sin x}$

   (g) $y = \ln\left(x - \sqrt{x^2 + 1}\right)$ (h) $y = \ln \sin x$

   (i) $y = \dfrac{x - 1}{\ln(x + 1)}$ (j) $y = \sqrt{\dfrac{(x-1)(x+3)}{(x+1)^3}}$

3. 함수 $f(x) = \dfrac{x}{\ln x}$ 일 때, $f'(e)$를 구하여라.

4. 함수 $f(x) = \ln(x^2 e^{x^2})$ 위의 점 $(1, 1)$에서 접선의 방정식을 구하여라.

4.2.4 고계도함수

1. 고계도함수

미분가능한 함수 $y = f(x)$에 대해서 그 도함수인 $f'(x)$의 도함수

$$f''(x) = \lim_{h \to 0} \frac{f'(x+h) - f'(x)}{h}$$

를 정의할 수 있다.

$y = f(x)$의 도함수 $f'(x)$가 미분가능 할 때, $f'(x)$의 도함수를 $f(x)$의 **이계도함수**라 하고 $f''(x)$ 또는 $\dfrac{d^2y}{dx^2}$로 나타낸다.

함수 $f(x)$의 제 $(n-1)$계도함수 $f^{(n-1)}(x)$가 어떤 구간에서 미분가능일 때 $f(x)$는 이 구간에서 n번 미분가능이라 한다. $f(x)$가 모든 양의 정수 n에 대하여 n번 미분가능일 때 $f(x)$를 무한번 미분가능이라 한다.

일반적으로 함수가 $y = f(x)$로 표시되었을 때, $f(x)$가 계속하여 미분가능인 경우 이 함수를 n번 거듭 미분함으로써 얻어지는 함수를 $f(x)$의 **n계도함수**라 하고

$$y^{(n)},\ f^{(n)}(x),\ \frac{d^n y}{dx^n},\ \frac{d^n f(x)}{dx^n}$$

등으로 나타낸다.

2계 이상의 도함수를 **고계도함수(derivative of higher order)**라고 한다.
예를 들어 $f(x) = x^5$인 경우

$$f'(x) = 5x^4, f''(x) = 20x^3, f'''(x) = 60x^2, f^{(4)}(x) = 120x, f^{(5)}(x) = 120$$

이고 6계 이상의 도함수는 모두 0이다.

문제 4.15

함수 $f(x)=\dfrac{1}{x}$의 n계도함수를 구하여라.

풀이 4.15

$$\begin{aligned} f'(x) &= -x^{-2}, \quad f''(x) = 2x^{-3}, \quad f'''(x) = -2 \times 3x^{-4}, \quad f^{(4)}(x) = 2 \times 3 \times 4x^{-5}, \cdots \\ &\therefore f^{(n)}(x) - (-1)^n n! x^{-n-1} \end{aligned}$$

문제 4.16

함수 $y = \sin x$의 n계도함수를 구하여라.

풀이 4.16

$$\begin{aligned} y' &= \cos x = \sin(x + \frac{\pi}{2}) \\ y'' &= \cos\left(x + \frac{\pi}{2}\right) = \sin\left(x + \frac{\pi}{2} + \frac{\pi}{2}\right) = \sin\left(x + \frac{2\pi}{2}\right) \\ y''' &= \cos\left(x + \frac{2\pi}{2}\right) = \sin\left(x + \frac{2\pi}{2} + \frac{\pi}{2}\right) = \sin\left(x + \frac{3\pi}{2}\right) \\ &\cdots \\ &\therefore y^{(n)} = \sin\left(x + \frac{n\pi}{2}\right) \end{aligned}$$

4.3 미분의 응용

4.3.1 평균값 정리

평균값 정리를 증명하기에 앞서 이 정리의 특수한 경우인 롤(**Rolle**)의 정리를 먼저 알아보자.

정리 4.10

Rolle의 정리

$f(x)$가 닫힌구간 $[a, b]$에서 연속이고, 열린구간 (a, b)에서 미분가능하고, $f(a) = f(b)$이면 $f'(c) = 0$인 c가 a와 b사이에 적어도 한 개 존재한다.

정리 4.11

평균값의 정리

함수 $f(x)$가 닫힌구간 $[a, b]$에서 연속이고, 열린구간 (a, b)에서 미분가능하면

$$\frac{f(b) - f(a)}{b - a} = f'(c)$$

를 만족하는 c가 a와 b사이에 적어도 한 개 존재한다.

증명

Rolle의 정리를 활용하기 위하여 $G(t) = f(t) - f(a) - \frac{f(b) - f(a)}{b - a}(t - a)$로 놓자.

$G(t)$는 구간 $[a, b]$에서 연속 $\cdots\cdots$ ①

$G(t)$는 구간 (a, b)에서 미분가능 $\cdots\cdots$ ②

$(\because f(t),\ f(a),\ \dfrac{f(b)-f(a)}{b-a}(t-a)$는 구간 $[a,b]$에서 연속, 구간 (a,b)에서 미분 가능)

$$G(a)=G(b)\cdots\cdots③$$

$(\because G(a)=f(a)-f(a)-\dfrac{f(b)-f(a)}{b-a}(a-a)=0$ 이고,

$G(b)=f(b)-f(a)-\dfrac{f(b)-f(a)}{b-a}(b-a)=f(b)-f(a)-\{f(b)-f(a)\}=0)$

위 ①, ②, ③에 의하여 함수 $G(t)$에 대하여 롤의 정리가 성립하므로 다음을 얻는다.

$$0=G'(c)=f'(c)-\frac{f(b)-f(a)}{b-a} \text{ 에서 } \frac{f(b)-f(a)}{b-a}=f'(c)$$

$\therefore \dfrac{f(b)-f(a)}{b-a}=f'(c)$ 인 c가 a와 b사이에 적어도 한 개 존재한다.

평균값 정리의 의미를 함수의 그래프로 알아보면

$$\frac{f(b)-f(a)}{b-a}$$

는 곡선 $y=f(x)$ 위의 두 점 $\mathrm{A}(a,\ f(a))$, $\mathrm{B}(b,\ f(b))$를 지나는 직선의 기울기이고, $f'(c)$는 곡선 $y=f(x)$ 위의 점 $(c, f(c))$에서의 접선의 기울기이다.

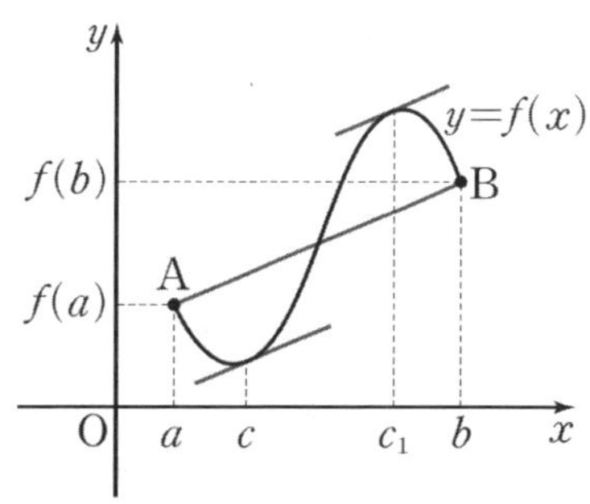

따라서 평균값 정리는 열린구간 (a,b)에서 직선 AB와 평행한 곡선 $y=f(x)$의 접선이 적어도 하나 존재함을 의미한다.

문제 4.17

함수 $f(x) = x^2 - 3$에 대하여 구간 $[-1, 2]$에서 평균값 정리를 만족하는 실수 c의 값을 구하여라.

풀이 4.17

함수 $f(x) = x^2 - 3$은 구간 $[-1, 2]$에서 연속이고 구간 $(-1, 2)$에서 미분가능하므로

$$\frac{f(2) - f(-1)}{2 - (-1)} = f'(c)$$

인 c가 -1과 2 사이에 적어도 하나 존재한다.
이때, $\dfrac{f(2) - f(-1)}{2 - (-1)} = 1$이고, $f'(x) = 2x$에서 $f'(c) = 2c$이므로 $1 = 2c$
따라서 $c = \dfrac{1}{2}$이다.

문제 4.18

구간 $[1, e]$에서 $f(x) = \ln x$가 평균값 정리를 만족하는 c의 값을 구하여라.

풀이 4.18

$f(x) = \ln x$ 는 구간 $[1, e]$에서 미분가능하고, 구간 $(1, e)$에서 미분가능 하므로

$$\frac{f(e) - f(1)}{e - 1} = f'(c)$$

인 c가 e와 1사이에 존재한다.
그러므로 $\dfrac{\ln e - \ln 1}{e - 1} = \dfrac{1}{c}$ 에서 $c = e - 1$을 얻는데, 이는 $1 < e - 1 < e$ 이다.
따라서 $c = e - 1$이다.

연습문제

1. 다음 각 함수가 주어진 구간에서 평균값 정리의 가정을 만족하는지 확인하여라. 또 평균값 정리를 만족하는 모든 c값을 구하여라.

   (a) $f(x) = 2x^2 - 3x + 1 \quad [0, 2]$

   (b) $f(x) = \sqrt{x+1} \quad [0, 3]$

   (c) $f(x) = x^3 \quad [-1, 2]$

2. 함수 $f(x) = (x-3)^{-2}$에 대하여 $\dfrac{f(4) - f(1)}{4 - 1} = f'(c)$를 만족하는 c가 구간 $(1, 4)$안에 존재하지 않음을 보여라.

3. $f(1) = 10,\ f'(x) \geq 2 (1 \leq x \leq 4)$일 때, $f(4)$의 최솟값을 구하여라.

4.3.2 로피탈(L'Hospital)의 법칙

정리 4.12

로피탈(L'Hospital)의 법칙

두 함수 $f(x), g(x)$가 $x = a$근방에서 미분가능하고, f', $g'(g'(x) \neq 0)$이 연속일 때 $\lim_{x\to a} f(x) = 0$ 이고 $\lim_{x\to a} g(x) = 0$ (또는 $\lim_{x\to a} f(x) = \pm\infty$ 이고 $\lim_{x\to a} g(x) = \pm\infty$)이면

$$\lim_{x\to a} \frac{f(x)}{g(x)} = \lim_{x\to a} \frac{f'(x)}{g'(x)}$$

이다.

증명

1. 롤의 정리를 활용하기 위하여 새로운 함수 $h(x)$를 다음과 같이 놓자.

$$h(x) = f(x) - f(a) - \frac{f(b) - f(a)}{g(b) - g(a)}(g(x) - g(a))$$

이 때, h는 구간 $[a, b]$에서 연속이고 구간 (a, b)에서 미분가능하며, $h(a) = h(b)$이다. 롤의 정리에 의하여 $h'(c) = f'(c) - \frac{f(b) - f(a)}{g(b) - g(a)} \times g'(c) = 0$을 만족하는 c가 a와 b사이에 존재한다.

$$\therefore \frac{f(b) - f(a)}{g(b) - g(a)} = \frac{f'(c)}{g'(c)}(\text{코시의 정리})$$

2. f', g'가 모두 구간 $[c, c+h]$에서 존재하고 $g'(x) \neq 0$이다. 가정에서 $f(c) = 0$, $g(c) = 0$ 이고 f, g는 모두 구간 $[a, a+h]$에서 연속이라 하자. 위 코시의 정리에 의하여 a와 $a+h$ 사이에 c_h가 존재하여

$$\frac{f'(c_h)}{g'(c_h)} = \frac{f(c+h) - f(c)}{g(c+h) - g(c)} = \frac{f(c+h)}{g(c+h)} \cdots\cdots ①$$

위 ①은 $h \to 0^+$일 때

$$\lim_{h\to 0^+}\frac{f'(c_h)}{g'(c_h)} = l = \lim_{h\to 0^+}\frac{f(c+h)}{g(c+h)} = \lim_{x\to a^+}\frac{f(x)}{g(x)}$$

$x \to a^-$일 때도 같은 방법으로 증명된다. 위를 정리하면 $x \to a$일 때도 증명된다. $x \to \infty$일 때는 $x = \dfrac{1}{t}$로 놓으면

$$\lim_{x\to\infty}\frac{f'(x)}{g'(x)} = \lim_{t\to 0^+}\frac{f'\left(\frac{1}{t}\right)}{g'\left(\frac{1}{t}\right)} = \lim_{t\to 0^+}\frac{\dfrac{-f'\left(\frac{1}{t}\right)}{t^2}}{\dfrac{-g'\left(\frac{1}{t}\right)}{t^2}} = \lim_{t\to 0^+}\frac{f\left(\frac{1}{t}\right)}{g\left(\frac{1}{t}\right)} = \lim_{x\to\infty}\frac{f(x)}{g(x)}$$

$x \to -\infty$일 때도 같은 방법으로 증명된다.

문제 4.19

다음의 극한값을 구하여라.

1. $\displaystyle\lim_{x\to 0}\frac{e^x - 1}{2x}$
2. $\displaystyle\lim_{x\to 1}\left(\frac{1}{x-1} - \frac{1}{\ln x}\right)$
3. $\displaystyle\lim_{x\to 0}(1 - \sin x)^{\frac{1}{x}}$

풀이 4.19

1. $\displaystyle\lim_{x\to 0}\frac{e^x - 1}{2x} = \lim_{x\to 0}\frac{e^x - 1}{x} \times \frac{1}{2} = \frac{1}{2}$

2. $$\begin{aligned}\lim_{x\to 1}\left(\frac{1}{x-1} - \frac{1}{\ln x}\right) &= \lim_{x\to 1}\frac{\ln x - x + 1}{(x-1)\ln x} \\ &= \lim_{x\to 1}\frac{\frac{1}{x} - 1}{\ln x + \frac{x-1}{x}} \\ &= \lim_{x\to 1}\frac{-\frac{1}{x^2}}{\frac{1}{x} + \frac{1}{x^2}} = -\frac{1}{2}\end{aligned}$$

3. $y=(1-\sin x)^{\frac{1}{x}}$ 이라 하자

$$\lim_{x\to 0}\ln y=\lim_{x\to 0}\frac{\ln(1-\sin x)}{x}=\lim_{x\to 0}\frac{-\dfrac{\cos x}{1-\sin x}}{1}=-1$$

이므로 따라서 $\lim_{x\to 0}(1-\sin x)^{\frac{1}{x}}=e^{-1}$ 이다.

문제 4.20

다음의 극한값을 구하여라.

1. $\lim_{x\to\infty}\dfrac{3x^2-4}{4x^2+5}$
2. $\lim_{x\to\infty}5xe^{-x}$
3. $\lim_{x\to\infty}(x-\ln x)$

풀이 4.20

1. $\lim_{x\to\infty}\dfrac{3x^2-4}{4x^2+5}=\lim_{x\to\infty}\dfrac{6x}{8x}=\dfrac{3}{4}$

2. $\lim_{x\to\infty}5xe^{-x}=\lim_{x\to\infty}\dfrac{5x}{e^x}=\lim_{x\to\infty}\dfrac{5}{e^x}=0$

3. $\lim_{x\to\infty}\dfrac{\ln x}{x}=\lim_{x\to\infty}\dfrac{(\ln x)'}{(x)'}=\lim_{x\to\infty}\dfrac{1/x}{1}=0$ 이므로
   $\lim_{x\to\infty}(x-\ln x)=\lim_{x\to\infty}x(1-\dfrac{\ln x}{x})=\infty\cdot(1-0)=\infty$

연습문제

1. 다음의 극한값을 구하여라.

(a) $\displaystyle\lim_{x\to 0}\frac{e^x-e^{-x}}{\tan x}$

(b) $\displaystyle\lim_{x\to 0}\frac{e^x-1-x}{x^2}$

(c) $\displaystyle\lim_{x\to 0^+}(1+\sin 4x)^{\cot x}$

(d) $\displaystyle\lim_{x\to 0}(e^x+x)^{\frac{1}{x^2}}$

(e) $\displaystyle\lim_{x\to 0}\left(\frac{1}{x}-\frac{1}{\sin x}\right)$

(f) $\displaystyle\lim_{x\to 1}\left(\frac{2}{x^2-1}-\frac{3}{x^3-1}\right)$

(g) $\displaystyle\lim_{x\to 1}\left(\frac{\ln x}{x-1}\right)$

(h) $\displaystyle\lim_{x\to 0^+}x\ln x$

(i) $\displaystyle\lim_{x\to\infty}(\ln x-\ln(\ln x))$

(j) $\displaystyle\lim_{x\to 0^+}\ln x^x$

(k) $\displaystyle\lim_{x\to\infty}\ln(x^2+1)^{\frac{1}{\ln x}}$

(l) $\displaystyle\lim_{x\to\infty}\frac{\ln x^3}{x}$

제 5 장
적분

5.1 부정적분

5.1.1 부정적분

함수 f에 대하여

$$F'(x) = f(x)$$

를 만족하는 함수 F가 존재하면 F를 f의 **부정적분**(indefinite integral)이라 하고

$$\int f(x)dx$$

로 표시한다.

$F'(x) = f(x)$일 때, 임의 상수 C에 대하여

$$\int f(x)dx = F(x) + C \tag{5.1}$$

를 함수 $f(x)$의 부정적분이라 하고, C를 **적분상수**라 한다.

위 (5.1)에서 $f(x)$를 피적분함수, x를 적분변수라 하며 부정적분을 구하는 일을 $f(x)$를 x로 적분한다고 하며, 미분의 역연산으로서 부정적분의 공식은 다음과 같다.

정리 5.1

기본 적분법 공식

1. $\int 1dx = x + C$

2. $\int x^n dx = \frac{x^{n+1}}{n+1} + C(n \neq -1)$

3. $\int kf(x)dx = k\int f(x)dx \ (k \in \mathbb{R})$

4. $\int \{f(x) \pm g(x)\}dx = \int f(x)dx \pm \int g(x)dx$

증명

1. $$\begin{aligned} \frac{d}{dx}(x+C) &= 1 \\ \therefore \int 1dx &= x + C \end{aligned}$$

2. $$\begin{aligned} \frac{d}{dx}\left\{\frac{x^{n+1}}{n+1} + c\right\} &= \frac{n+1}{n+1}x^n + 0 = x^n \\ \therefore \int x^n dx &= \frac{x^{n+1}}{n+1} + C \end{aligned}$$

문제 5.1

다음 부정적분을 구하여라.

1. $\int (3x^2 + 2x + 1)dt$ 2. $\int \frac{(\sqrt{x}-1)^2}{x^3}dx$

풀이 5.1

1.
$$\begin{aligned}\int (3x^2 + 2x + 1)dt &= \int 3x^2dx + \int 2xdx + \int 1dx \\ &= 3 \times \frac{1}{3}x^3 + 2 \times \frac{1}{2}x^2 + x + C \\ &= x^3 + x^2 + x + C\end{aligned}$$

2.
$$\begin{aligned}\int \frac{(\sqrt{x}-1)^2}{x^3}dx &= \int \frac{x - 2\sqrt{x} + 1}{x^3}dx \\ &= \int \left(x^{-2} - 2x^{-5/2} + x^{-3}\right)dx \\ &= -x^{-1} + \frac{4}{3}x^{-3/2} - \frac{1}{2}x^{-2} + C \\ &= -\frac{1}{x} + \frac{4}{3\sqrt{x^3}} - \frac{1}{2x^2} + C\end{aligned}$$

이제부터 여러 가지 함수의 부정적분에 대한 공식을 알아보자. 이에 대한 증명은 우변을 미분하여 피적분함수가 되는가를 확인하면 된다.

삼각함수의 미분법에서

$$(\cos x)' = -\sin x,\ (\sin x)' = \cos x,$$

$$(\tan x)' = \sec^2 x,\ (\cot x)' = -\csc^2 x$$

이다. 따라서 다음과 같은 삼각함수의 부정적분 공식이 성립한다.

정리 5.2

삼각함수의 부정적분

1. $\int \sin x dx = -\cos x + C$
2. $\int \cos x dx = \sin x + C$
3. $\int \sec^2 x dx = \tan x + C$
4. $\int \csc^2 x dx = -\cot x + C$
5. $\int \sec x \tan x dx = \sec x + C$
6. $\int \csc x \cot x dx = -\csc x + C$

자연로그함수의 미분에서 $\frac{d}{dx}(\ln|x| + C) = \frac{1}{x}$ 이므로

$$\int \frac{1}{x} dx = \ln|x| + C$$

이다.

또한, $u = f(x)$라고 하면 $du = f'(x)dx$이고 합성함수의 미분법에 의하여

$$\frac{d}{dx}\ln|f(x)| = \frac{f'(x)}{f(x)}$$

이므로

$$\int \frac{f'(x)}{f(x)} dx = \int \frac{du}{u} = \ln|u| + C = \ln|f(x)| + C$$

이다.

예를 들어 $f(x) = x^2 + 2x + 5$이면 $f'(x) = 2x + 2$이므로

$$\int \frac{2x+2}{x^2+2x+5} dx = \ln|x^2 + 2x + 5| + C$$

이다.

문제 5.2

다음의 부정적분을 구하여라.

1. $\displaystyle\int\left(\cos x+\frac{2}{x-1}\right)dx$　　　　2. $\displaystyle\int\frac{(x+1)^2}{x}dx$

풀이 5.2

1. $\displaystyle\int\left(\cos x+\frac{2}{x-1}\right)dx=\int\cos x dx+\int\frac{2}{x-1}dx=\sin x+2\ln|x-1|+C$
2. $\displaystyle\int\frac{(x+1)^2}{x}dx=\int\frac{x^2+2x+1}{x}dx=\int\left(x+2+\frac{1}{x}\right)dx=\frac{x^2}{2}+2x+\ln|x|+C$

이제, 지수함수의 부정적분에 대하여 알아보자.

지수함수의 미분법에서

$$(e^x)'=e^x,\ (a^x)'=a^x\ln a\ (a>0, a\neq 1)$$

이다.

따라서 다음과 같은 지수함수의 부정적분 공식이 성립한다.

정리 5.3

지수함수의 부정적분

1. $\displaystyle\int e^x dx=e^x+C$ (단, e는 자연상수)
2. $\displaystyle\int a^x dx=\frac{a^x}{\ln a}+C$ (단, a는 1아닌 양수)

문제 5.3

다음 부정적분을 구하여라.

1. $\int e^{2x+3}dx$

2. $\int \frac{e^{2x}-4^x}{e^x+2^x}dx$

풀이 5.3

1. $(e^{2x+3})' = (2x+3)'e^{2x+3} = 2e^{2x+3}$ 이므로

$$\int e^{2x+3}dx = \frac{1}{2}\int 2e^{2x+3}dx = \frac{1}{2}e^{2x+3} + C$$

2. $$\begin{aligned}\int \frac{e^{2x}-4^x}{e^x+2^x}dx &= \int \frac{(e^x-2^x)(e^x+2^x)}{e^x+2^x}dx \\ &= \int (e^x-2^x)dx \\ &= e^x - \frac{2^x}{\ln 2} + C\end{aligned}$$

정리 5.4

적분공식

1. $\int u^n du = \frac{1}{n+1}u^{n+1} + c$

2. $\int \frac{du}{u} = \ln|u| + c$

3. $\int e^u du = e^u + c$

4. $\int p^u du = \frac{p^u}{\ln p} + c$

5. $\int \sin u du = -\cos u + c$

6. $\int \cos u du = \sin u + c$

7. $\int \tan u du = \ln|\sec u| + c$

8. $\int \sec u du = \ln|\sec u + \tan u| + c$

9. $\int \cot u du = \ln|\sin u| + c$

10. $\int \csc u du = \ln\left|\frac{\sin u}{1+\cos u}\right| + c$

11. $\int \sec^2 u du = \tan u + c$

12. $\int \csc^2 u du = -\cot u + c$

13. $\int \sec u \tan u du = \sec u + c$

14. $\int \csc u \cot u du = -\csc u + c$

15. $\int \sinh u du = \cosh u + c$

16. $\int \cosh u du = \sinh u + c$

17. $\int \text{sech}^2 u du = \text{tanh} u + \text{c}$

18. $\int \text{csch}^2 u du = -\text{coth} u + \text{c}$

19. $\int \text{sech} u \ \text{tanh} u du = -\text{sech} u + \text{c}$

20. $\int \text{csch} u \ \text{coth} u du = -\text{csch} u + \text{c}$

21. $\int \frac{du}{\sqrt{a^2-u^2}} = \sin^{-1}\frac{u}{a} + c,\ a > 0$

22. $\int \frac{du}{a^2+u^2} = \frac{1}{a}\tan^{-1}\frac{u}{a} + c,\ a > 0$

23. $\displaystyle\int \frac{du}{u\sqrt{u^2-a^2}} = \frac{1}{a}\sec^{-1}\frac{u}{a} + c,\ |u| > a > 0$

24. $\displaystyle\int \frac{du}{\sqrt{a^2+u^2}} = \sinh^{-1}\frac{u}{a} + c = \ln\left(a + \frac{\sqrt{a^2-u^2}}{u}\right) + c\ a > 0$

25. $\displaystyle\int \frac{du}{a^2-u^2} = \frac{1}{2a}\ln\left|\frac{u+a}{u-a}\right| + c,\ a > 0$

26. $\displaystyle\int \frac{du}{u\sqrt{a^2-u^2}} = -\frac{1}{a}\mathrm{sech}^{-1}\frac{u}{a} + c,\ 0 < u < a$

27. $\displaystyle\int \frac{du}{|u|\sqrt{u^2+a^2}} = -\frac{1}{a}\mathrm{csch}^{-1}\frac{u}{a} + c,\ u \neq 0, a > 0$

28. $\displaystyle\int \frac{du}{\sqrt{u^2-a^2}} = \cosh^{-1}\frac{u}{a} + c, u > a$

연습문제

1. 다음 부정적분을 구하여라.

(a) $\displaystyle\int (6t^2+4)dt$

(b) $\displaystyle\int (x+1)\sqrt{x}dx$

(c) $\displaystyle\int \frac{x+(\sqrt{x}+1)^2}{\sqrt{x}}dx$

(d) $\displaystyle\int \left(\sqrt{x}+\sqrt{x^3}\right)^2 dx$

2. 다음 부정적분을 구하여라.

(a) $\displaystyle\int (e^x+2x+\sin x)dx$

(b) $\displaystyle\int \left(\frac{1}{x+1}-\frac{1}{x-1}\right)dx$

(c) $\displaystyle\int \frac{(\sqrt{x}+1)^2}{x}dx$

(d) $\displaystyle\int (3x-1)\left(x+\frac{1}{x}\right)dx$

(e) $\displaystyle\int \frac{3x \quad 1}{x+1}dx$

(f) $\displaystyle\int \frac{2x^2-1}{x+1}dx$

(g) $\displaystyle\int e^{4x+3}dx$

(h) $\displaystyle\int 2^{2x-1}dx$

3. 함수 $f(x)=\displaystyle\int \left\{\frac{d}{dx}(3x^3+2x^2+x)\right\}dx$ 이고 $f(1)=5$ 일 때 $f(x)$를 구하여라.

5.2 정적분

5.2.1 정적분

함수 $y = f(x)$가 구간 $[a, b]$에서 연속이고 $f(x) \geq 0$일 때, 곡선 $y = f(x)$와 두 직선 $x = a$와 $x = b$ 및 x축으로 둘러싸인 도형의 넓이 S를 구하여 보자.

구간 $[a, b]$를 n등분하고 양 끝점을 포함하여 각 분점의 x좌표를 차례로

$$a = x_0 < x_1 < x_2 < \cdots < x_{n-1} < x_n = b$$

라고 하면 각 구간의 길이 Δx는

$$\Delta x = \frac{b-a}{n}$$

이다.

오른쪽 그림의 각 직사각형의 넓이의 합 S_n은

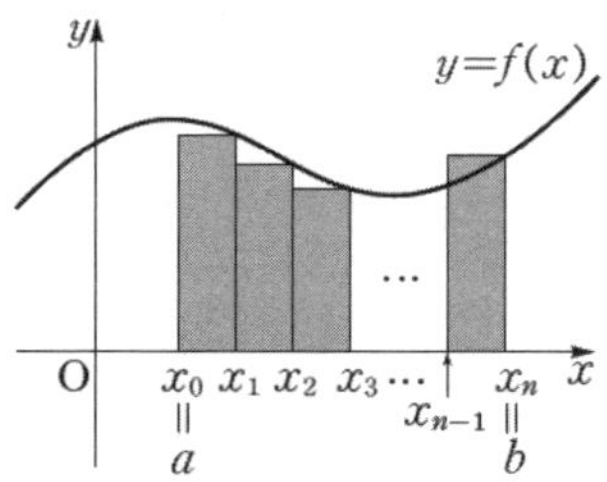

$$S_n = f(x_1)\Delta x + f(x_2)\Delta x + \cdots + f(x_n)\Delta x = \sum_{k=1}^{n} f(x_k)\Delta x$$

이다.

n이 한없이 커지면 S_n의 극한값은 S와 일치하므로 다음이 성립한다.

$$S = \lim_{n\to\infty} S_n = \lim_{n\to\infty} \sum_{k=1}^{n} f(x_k)\triangle x$$

한편 함수 $y = f(x)$가 구간 $[a, b]$에서 연속이고 $f(x) \leq 0$일 때, 곡선 $y = f(x)$와 두 직선 $x = a$와 $x = b$ 및 x축으로 둘러싸인 도형의 넓이를 S라고 하자.

오른쪽 그림의 각 직사각형의 넓이의 합 S_n 은

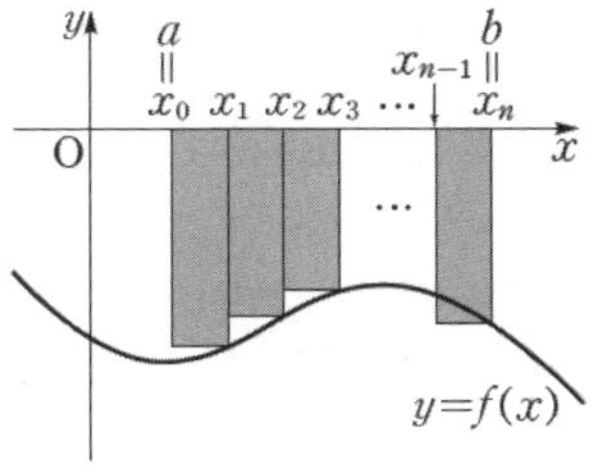

$$
\begin{aligned}
S_n &= \{-f(x_1)\}\,\Delta x + \{-f(x_2)\Delta x\} + \cdots \\
&\quad + \{-f(x_n)\}\,\Delta x \\
&= -\sum_{k=1}^{n} f(x_k)\Delta x
\end{aligned}
$$

이다. n이 한없이 커지면 S_n의 극한값은 S와 일치하므로 다음이 성립한다.

$$S = \lim_{n\to\infty} S_n = -\lim_{n\to\infty}\sum_{k=1}^{n} f(x_k)\Delta x$$

일반적으로 함수 $y = f(x)$가 구간 $[a, b]$에서 연속이면 극한값 $\lim_{n\to\infty}\sum_{k=1}^{n} f(x_k)\Delta x$가 반드시 존재한다. 이 극한값을 함수 $y = f(x)$의 a에서 b까지의 정적분이라고 하며, 이것을 기호로

$$\int_a^b f(x)dx$$

와 같이 나타낸다.

이때 구간 $[a, b]$를 적분 구간이라 하고, a를 아래끝, b를 위끝이라고 한다. 또 정적분 $\int_a^b f(x)dx$를 구하는 것을 함수 $f(x)$를 a에서 b까지 적분한다고 하고 또는 구간 $[a, b]$에서 $f(x)$의 정적분이라고 한다.

적분 구간을 나눈 각 구간의 왼쪽 끝점에서의 함숫값을 이용하여 정적분을 다음과 같이 정의하여도 된다.

정의 5.1 정적분의 정의

함수 $f(x)$가 구간 $[a, b]$에서 연속일 때, 그 구간을 n등분하여 양쪽 끝과 각 분점의 x좌표를

$$a = x_0 < x_1 < x_2 < \cdots < x_{n-1} < x_n = b$$

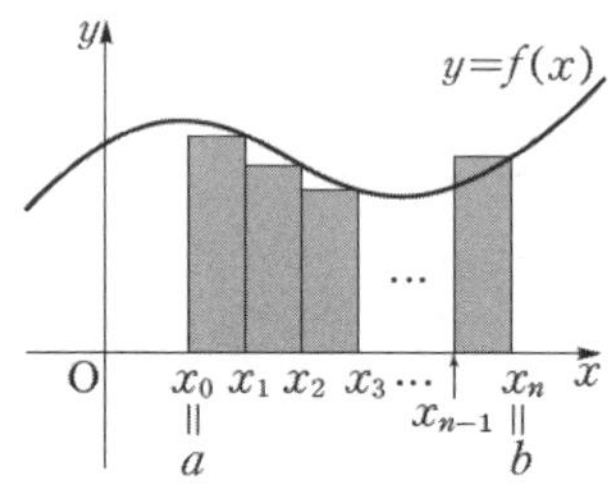

라 하고, $\triangle x = \dfrac{b-a}{n}$라 할 때,

$$\lim_{n\to\infty}\sum_{k=1}^{n} f(x_k)\Delta x$$

의 값을 함수 $f(x)$의 a에서 b까지의 **정적분**이라 하고, 그 값을 다음과 같이 나타낸다.

$$\int_a^b f(x)dx = \lim_{n\to\infty}\sum_{k=1}^{n} f(x_k)\Delta x \left(\text{단, } \Delta x = \frac{b-a}{n},\ x_k = a + \frac{b-a}{n}k\right)$$

문제 5.4

정적분의 정의를 이용하여 $\int_0^2 x^2 dx$를 계산하여라.

풀이 5.4

구간 $[0, 2]$의 등분한 점을 차례로 $x_1 = \dfrac{2}{n},\ x_2 = \dfrac{4}{n},\ \dfrac{6}{n}, \cdots, \dfrac{2(n-1)}{n},\quad x_n = \dfrac{2n}{n}$이라 하고, $\Delta x = \dfrac{2}{n}$라 하면

$$
\begin{aligned}
\int_0^2 x^2 dx &= \lim_{n\to\infty} \left(x_1^2 \triangle x + x_2^2 \triangle x + \cdots + x_n^2 \triangle x\right) \\
&= \lim_{n\to\infty} \left\{ \left(\frac{2}{n}\right)^2 \frac{2}{n} + \left(\frac{4}{n}\right)^2 \frac{2}{n} + \left(\frac{6}{n}\right)^2 \frac{2}{n} + \cdots + \left(\frac{2n}{n}\right)^2 \frac{2}{n} \right\} \\
&= \lim_{n\to\infty} \frac{8}{n^3} \left\{1^2 + 2^2 + 3^2 + \cdots + n^2\right\} \\
&= \lim_{n\to\infty} \frac{8}{6} \frac{n(n+1)(2n+1)}{n^3} \\
&= \frac{8}{6} \lim_{n\to\infty} \frac{\left(1 + \frac{1}{n}\right)\left(2 + \frac{1}{n}\right)}{1} = \frac{8}{3}
\end{aligned}
$$

정적분에서는 다음과 같은 성질들이 만족된다.

정리 5.5

정적분의 기본 정리

1. $\int_a^a f(x)dx = 0$
2. $\int_a^b f(x)dx = -\int_b^a f(x)dx$
3. $\int_a^b \{f(x) \pm g(x)\}dx = \int_a^b f(x)dx \pm \int_a^b g(x)dx$
4. $\int_a^b kf(x)dx = k\int_a^b f(x)dx$ (단, k는 상수)
5. $\int_a^b f(x)dx = \int_a^c f(x)dx + \int_c^b f(x)dx$

증명

1. $\displaystyle\int_a^a f(x)dx = \lim_{n\to\infty}\sum_{k=1}^{n} f(x_k)\frac{a-a}{n} = 0 \quad \therefore \int_a^a f(x)dx = 0$

2. $\displaystyle\int_a^b f(x)dx \ = \lim_{n\to\infty}\sum_{k=1}^{n} f(x_k)\frac{b-a}{n} = -\lim_{n\to\infty}\sum_{k=1}^{n} f(x_k)\frac{a-b}{n} = -\int_b^a f(x)dx$

$$\therefore \int_a^b f(x)dx = -\int_b^a f(x)dx$$

3. $$\begin{aligned}\int_a^b \{f(x)\pm g(x)\}dx &= \lim_{n\to\infty}\sum_{k=1}^{n}\{f(x_k)\pm g(x_k)\}\,\Delta x\\ &= \lim_{n\to\infty}\sum_{k=1}^{n} f(x_k)\Delta x \pm \lim_{n\to\infty}\sum_{k=1}^{n} g(x_k)\Delta x\\ &= \int_a^b f(x)dx \pm \int_a^b g(x)dx\\ \therefore \int_a^b \{f(x)\pm g(x)\}dx &= \int_a^b f(x)dx \pm \int_a^b g(x)dx\end{aligned}$$

4. $\displaystyle\int_a^b kf(x)dx \ = \lim_{n\to\infty}\sum_{k=1}^{n} kf(x_k)\Delta x = k\lim_{n\to\infty}\sum_{k=1}^{n} f(x_k)\Delta x = k\int_a^b f(x)dx$

$$\therefore \int_a^b kf(x)dx = k\int_a^b f(x)dx$$

5. (a) 편의상 $a<b$라 하자. $a<c<b$ 일 때,

$\displaystyle\int_a^b f(x)dx$는 구간 $[a,b]$에서 함수 $f(x)$가 x축으로 둘러싸인

면적이고

$\displaystyle\int_a^c f(x)dx$와 $\displaystyle\int_c^b f(x)dx$는 각각 구간 $[a,c]$와 구간 $[c,b]$에서

함수 $f(x)$가

x축으로 둘러싸인 면적이므로

$\int_a^b f(x)dx = \int_a^c f(x)dx + \int_c^b f(x)dx$ 이다.

일반적으로 연속함수에 대하여서도 면적과 정적분 사이의 관계를

이용하면

$$\int_a^b f(x)dx = \int_a^c f(x)dx + \int_c^b f(x)dx$$

임을 보일 수 있다.

(b) $c < a < b$ 일 때, 위 (a)에 의하여

$$\begin{aligned} \int_c^a f(x)dx + \int_a^b f(x)dx &= \int_c^b f(x)dx \\ \Leftrightarrow \int_a^b f(x)dx &= \int_c^b f(x)dx - \int_c^a f(x)dx \\ &= \int_c^b f(x)dx + \int_a^c f(x)dx \\ &= \int_a^c f(x)dx + \int_c^b f(x)dx \end{aligned}$$

(c) $a < b < c$ 일 때, (a)에 의하여

$$\begin{aligned} \int_a^b f(x)dx + \int_b^c f(x)dx &= \int_a^c f(x)dx \\ \Leftrightarrow \int_a^b f(x)dx &= \int_a^c f(x)dx - \int_b^c f(x)dx \\ &= \int_a^c f(x)dx + \int_c^b f(x)dx \end{aligned}$$

위 (a), (b), (c)에 의하여 $\int_a^b f(x)dx = \int_a^c f(x)dx + \int_c^b f(x)dx$ 이다.

정리 5.6

적분의 평균값 정리

$f(x)$가 구간 $[a,b]$에서 연속이면 $\int_a^b f(x)dx = (b-a)f(c)$인 c가 a와 b사이에 적어도 한 개 존재한다.

증명

f가 구간 $[a,b]$에서 연속이므로 최댓값과 최솟값이 모두 존재한다.
$m \le f(x) \le M$ (단, m은 최솟값, M은 최댓값)이므로

$$\int_a^b m dx \le \int_a^b f(x)dx \le \int_a^b M dx \quad \Leftrightarrow m(b-a) \le \int_a^b f(x)dx \le M(b-a)$$

$$\Leftrightarrow m \le \frac{1}{b-a}\int_a^b f(x)dx \le M (\text{단}, b > a)$$

$f(x)$는 연속이므로 사잇값 정리에 의하여 M과 m 사이에 $f(c)$가 적어도 한 개 존재한다. 따라서 $\frac{1}{b-a}\int_a^b f(x)dx = f(c)$라 할 수 있다.

그러므로 $\int_a^b f(x)dx = (b-a)f(c)$인 c가 a와 b사이에 적어도 한 개 존재한다.

연습문제

1. 정적분의 정의를 이용하여 주어진 적분을 계산하여라.

   (a) $\int_0^1 x^3 dx$ (b) $\int_0^4 7dx$

   (c) $\int_a^b kdx$ (k는 상수) (d) $\int_0^2 (x^2-1)dx$

2. 다음 극한을 정적분 $\int_a^b f(x)dx$꼴로 표현하여라.

   (a) $\lim_{n\to\infty} \frac{2^2+4^2+6^2+\cdots+(2n)^2}{n^3}$

   (b) $\lim_{n\to\infty} \frac{1}{n^2\sqrt{n}}(\sqrt{1}+2\sqrt{2}+3\sqrt{3}+\cdots+n\sqrt{n})$

   (c) $\lim_{n\to\infty} \sum_{k=1}^{n} \frac{\pi}{n}\left(\frac{k\pi}{n}\right)^2 \sin\frac{k\pi}{n}$

3. 다음의 적분을 $\int_a^b f(x)dx$와 같은 하나의 적분으로 표현하여라.

$$\int_{-2}^{2} f(x)dx + \int_{2}^{5} f(x)dx - \int_{-2}^{-1} f(x)dx$$

5.2.2 미적분학의 기본정리

정리 5.7

미적분학의 기본정리 1

함수 f가 구간 $[a,b]$에서 연속일 때, $x \in [a,b]$에 대하여 $A(x) = \int_a^x f(t)dt$라 하면, 함수 A는 구간 (a,b)에서 미분가능하고 다음이 성립한다.

$$A'(x) = f(x)(x \in (a,b))$$

증명

지금 f가 구간 $[a,b]$에서 연속이므로, 임의의 $x \in [a,b]$에 대해 $f(t)$는 구간 $[a,x]$에서 적분가능하다. 따라서 구간 (a,b)에서 함수 A를 정의할 수 있다.

$x_0 \in (a,b)$와 $x_0 + h < b$인 $h > 0$에 대하여

$$A(x_0+h) - A(x_0) = \int_a^{x_0+h} f(t)dt - \int_a^{x_0} f(t)dt = \int_{x_0}^{x_0+h} f(t)dt$$

이다. 적분에 관한 평균값 정리에 의하여

$$\frac{A(x_0+h) - A(x_0)}{h} = \frac{1}{h}\int_{x_0}^{x_0+h} f(t)dt = f(x_0^*)$$

를 만족하는 $x_0 \le x_0^* \le x_0 + h$가 존재한다. 지금 $h \to 0+$일 때 $x_0^* \to x_0$이며 f가 x_0에서 연속이므로

$$\lim_{h\to 0+} \frac{A(x_0+h) - A(x_0)}{h} = f(x_0)$$

이다. $x_0 - h > a$인 $h > 0$에 대하여

$$A(x_0 - h) - A(x_0) = \int_a^{x_0-h} f(t)dt - \int_a^{x_0} f(t)dt = \int_{x_0}^{x_0-h} f(t)dt = -\int_{x_0-h}^{x_0} f(t)dt$$

이며 $x_0 - h \le x_0^* \le x_0$가 존재하여

$$\frac{A(x_0 - h) - A(x_0)}{-h} = \frac{1}{-h}\int_{x_0-h}^{x_0} f(t)dt = f(x_0^*) \to f(x_0)(h \to 0+)$$

따라서 $x_0 \in (a, b)$에서 A는 미분가능하고 미분계수가 $f(x_0)$와 일치한다.

이 정리는 f가 구간 $[a, b]$ 위에서 연속이면 $A(x)$가 f의 부정적분임을 보이고 있다. 따라서 f의 부정적분은 모두 $A(x) + C$ (C는 상수) 로 나타낼 수 있으므로

$$\int f(x)dx = A(x) + C$$

이다.

문제 5.5

모든 실수 x에 대하여 $\int_a^x (x - t)f(t)dt = e^x - x - 1$일 때, a의 값을 구하여라.

풀이 5.5

$$x\int_a^x f(t)dt - \int_a^x tf(t)dt = e^x - x - 1$$

이므로 양변을 x에 관하여 각각 미분하면

$$\int_a^x f(t)dt + xf(x) - xf(x) = e^x - 1$$

이고,

$$\int_a^x f(t)dt = e^x - 1$$

이다.

이 식에 $x = a$을 대입하면 $\int_a^a f(t)dt = e^a - 1$에서 $0 = e^a - 1$이므로,

따라서 $a = 0$이다.

정리 5.8

미적분학의 기본정리 2

함수 f가 구간 $[a, b]$에서 연속이고, F를 f의 부정적분 중 하나라 하면 다음이 성립한다.

$$\int_a^b f(x)dx = F(b) - F(a)$$

증명

$g(x) = \int_a^x f(t)dt \ (x \in [a, b])$라 하자. 미적분학의 기본정리1로부터 $g'(x) = f(x)$임을 안다. 즉 g는 f의 원시함수이다. F가 구간 $[a, b]$에서 f의 임의의 다른 원시함수라 하면, g와 F는 상수만큼 차이가 난다. $a < x < b$에 대하여

$$F(x) = g(x) + C$$

이다. 그러나 F와 g가 구간 $[a, b]$에서 연속이므로 $F(x) = g(x) + C$의 양변에 극한을 택함으로써 $x = a$이고 $x = b$일 때도 성립함을 알 수 있다.

이때

$$g(a) = \int_a^a f(t)dt = 0$$

이므로, 식 $F(x) = g(x) + C$에 $x = a$와 $x = b$를 대입하면 다음을 얻는다.

$$F(b) - F(a) = [g(b) + C] - [g(a) + C] = g(b) - g(a) = g(b) = \int_a^b f(x)dx$$

이다.

이 정리에 의하여 f의 부정적분 $F(x) = \int f(x)dx$를 구할 수만 있다면, 정적분 $\int_a^b f(x)dx$는 이때 $F(b) - F(a)$를 $[F(x)]_a^b$, $F(x)|_a^b$으로 구할 수 있으므로, 정적분의 계산은 많은 경우 부정적분의 계산으로 귀착된다.

문제 5.6

정적분 $\int_0^3 4x^3 - 3dx$를 구하여라.

풀이 5.6

$$\begin{aligned}\int_0^3 4x^3 - 3dx &= \left[x^4 - 3x\right]_0^3 \\ &= (3^4 - 3 \times 3) - 0 \\ &= 72\end{aligned}$$

문제 5.7

다음을 계산하여라.

1. $\displaystyle\int_0^{\frac{\pi}{2}} \cos x dx$

2. $\displaystyle\int_0^{\frac{\pi}{4}} \frac{1-\cos^2 x}{\cos^2 x} dx$

풀이 5.7

1. $\displaystyle\int_0^{\frac{\pi}{2}} \cos x dx = [\sin x]_0^{\frac{\pi}{2}} = \sin\frac{\pi}{2} - \sin 0 = 1$

2. $$\begin{aligned}\int_0^{\frac{\pi}{4}} \frac{1-\cos^2 x}{\cos^2 x} dx &= \int_0^{\frac{\pi}{4}} \left(\frac{1}{\cos^2 x} - 1\right) dx \\ &= \int_0^{\frac{\pi}{4}} (\sec^2 x - 1) dx) \\ &= [\tan x - x]_0^{\frac{\pi}{4}} \\ &= 1 - \frac{\pi}{4}\end{aligned}$$

문제 5.8

정적분을 이용하여 극한값 $\displaystyle\lim_{n\to\infty}\sum_{k=1}^{n}\left(1+\frac{2k}{n}\right)^2\frac{3}{n}$ 을 구하여라.

풀이 5.8

$f(x) = x^2$, $a = 1$, $b = 3$으로 놓으면

$$\Delta x = \frac{b-a}{n} = \frac{2}{n},\ x_k = a + k\Delta x = 1 + \frac{2k}{n}$$

따라서 정적분의 정의를 이용하면

$$\begin{aligned}\lim_{n\to\infty}\sum_{k=1}^{n}\left(1+\frac{2k}{n}\right)^2\frac{3}{n} &= \lim_{n\to\infty}\sum_{n=1}^{k}\left(1+\frac{2k}{n}\right)^2\times\frac{2}{n}\times\frac{3}{2}\\ &= \frac{3}{2}\int_1^3 x^2dx = \left[\frac{1}{2}x^3\right]_1^3\\ &= \frac{1}{2}(27-1) = 13\end{aligned}$$

문제 5.9

다음 정적분을 구하여라.

$$\int_0^2 (x^2+4)dx + 2\int_0^2 (x^2-x-2)dx$$

풀이 5.9

$$\begin{aligned}\int_0^2 (x^2+4)dx + 2\int_0^2 (x^2-x-2)dx &= \int_0^2 (x^2+4)dx + \int_0^2 (2x^2-2x-4)dx\\ &= \int_0^2 (x^2+4+2x^2-2x-4)dx\\ &= \int_0^2 (3x^2-2x)dx\\ &= \left[x^3-x^2\right]_0^2\\ &= 4-0 = 4\end{aligned}$$

연습문제

1. 미적분학의 기본정리1을 이용하여 다음 함수들의 도함수를 구하여라.

   (a) $g(x) = \int_0^x \sqrt{1+2t}dt$

   (b) $g(y) = \int_2^y t^2 \sin t dt$

   (c) $F(x) = \int_x^2 \cos\left(t^2\right) dt$

   (d) $F(x) = \int_2^{1/x} \sin^4 t dt$

2. 미적분학의 기본정리2를 이용하여 적분을 계산하여라.

   (a) $\int_{-1}^3 x^5 dx$

   (b) $\int_2^8 (4x+3)dx$

   (c) $\int_0^1 x^{4/5} dx$

   (d) $\int_0^{\pi/4} \sec^2 \theta d\theta$

3. $0 < x < 2\pi$ 에서 정의된 $f(x)$가 $\int_a^x f(t)dt = \sin x - 1$에 대하여 a의 값을 구하여라.

4. $\int_0^x (x-t)f(t)dt = \sin^3 x + e^x + 1$일 때, $f(x)$를 구하여라.

5.3 적분기법

5.3.1 치환적분법과 부분적분법

1. 치환적분법

함수 $f(u)$와 $u=g(x)$가 주어지고 $F(u)$가 $f(u)$의 부정적분이라고 하면, 미분의 연쇄법칙에 의하여

$$\frac{d}{dx}F(u)=\frac{dF}{du}\frac{du}{dx}=f(g(x))\frac{d}{dx}g(x)$$

이고

$$F(u)=\int f(u)du$$

이므로

$$\int f(u)du=\int f(g(x))g'(x)dx$$

을 얻는다. 이를 이용하여 적분하는 방법을 **치환적분법**이라고 한다.

$c=g(a)$, $d=g(b)$이면 $\int_c^d f(u)du=F(d)-F(c)=F(g(b))-F(g(a))$이므로 다음이 성립한다.

$$\int_{g(a)}^{g(b)} f(u)du=\int_a^b f(g(x))g'(x)dx$$

이고

$$\int_a^b f(g(x))g'(x)dx=[F(g(x))]_a^b=F(g(b))-F(g(a))$$

이다.

문제 5.10

다음 부정적분을 구하여라.

1. $\int x(x^2+1)^5dx$

2. $\int \frac{3x^2}{\sqrt{x^3-1}}dx$

풀이 5.10

1. $u = x^2 + 1$이라 하면, $du = 2xdx$이므로

$$\begin{aligned}\frac{1}{2}\int (x^2+1)^5 \times 2xdx &= \frac{1}{2}\int u^5 du \\ &= \frac{1}{2} \times \frac{1}{6}u^5 + C \\ &= \frac{1}{2} \times \frac{1}{6}(x^2+1)^6 + C \\ &= \frac{1}{12}(x^2+1)^6 + C\end{aligned}$$

2. $u = x^3 - 1$이라고 하면 $du = 3x^2dx$이므로

$$\int \frac{3x^2}{\sqrt{x^3-1}}dx = \int \frac{1}{\sqrt{u}}du = \int u^{-\frac{1}{2}}du = 2u^{\frac{1}{2}} + C = 2\sqrt{x^3-1} + C$$

문제 5.11

다음 부정적분을 구하여라.

1. $\displaystyle\int \frac{e^{3x}}{3+2e^{3x}}dx$
2. $\displaystyle\int \tan xdx$
3. $\displaystyle\int \sec xdx$

풀이 5.11

1. $u = 3 + 2e^{3x}$라고 하면 $du = 6e^{3x}dx$이므로

$$\int \frac{e^{3x}dx}{3+2e^{3x}} = \frac{1}{6}\int \frac{6e^{3x}dx}{3+2e^{3x}} = \frac{1}{6}\int \frac{1}{u}du = \frac{1}{6}\ln|u| + C = \frac{1}{6}\ln(3+2e^{3x}) + C$$

2. $t = \cos x$라 하면 $dt = -\sin xdx$이므로

$$\int \tan xdx = \int \frac{\sin x}{\cos x}dx = -\int \frac{dt}{t} = -\ln|t| + C = -\ln|\cos x| + C$$

3. $u=\sec x+\tan x$라 하면 $du=(\sec x\tan x+\sec^2 x)dx$이므로

$$\int \sec x du = \int \frac{\sec x(\sec x+\tan x)}{\sec x+\tan x}dx = \int \frac{1}{u}du = \ln|u|+C = \ln|\sec x+\tan x|+C$$

2. 부분적분법

두 함수의 곱의 미분 공식

$\{f(x)g(x)\}' = f(x)g'(x)+f'(x)g(x)$에서 양변을 적분하면

$$f(x)g(x)+C = \int f(x)g'(x)dx + \int f'(x)g(x)dx$$

이다. 따라서

$$\int f'(x)g(x)dx = f(x)g(x) - \int f(x)g'(x)dx$$

을 얻는다. 이 공식을 사용하여 적분을 구하는 방법을 **부분적분법(integration by parts)**이라고 한다.

정리 5.9

부분적분법을 이용한 정적분

두 함수 $f(x)$, $g(x)$가 미분가능하고 $f'(x)$, $g'(x)$가 연속일 때

$$\int_a^b f'(x)g(x)dx = [f(x)g(x)]_a^b - \int_a^b f(x)g'(x)dx$$

$$\int u'vdx = uv - \int uv'dx(\text{단}, u=f(x), v=g(x))$$

[참고] 부분적분을 적용하는 요령

$$v \Leftarrow \log x,\ (1,x,x^2),\ (\sin x,\cos x),\ e^x \Rightarrow u'$$

(미분하기 쉬운 것) (적분하기 쉬운 것)

문제 5.12

다음 정적분을 구하여라.

1. $\int_0^1 xe^x dx$

2. $\int_0^{\frac{\pi}{2}} x\sin x dx$

풀이 5.12

1. $\int_0^1 xe^x dx = [xe^x]_0^1 - \int_0^1 e^x dx = e - [e^x]_0^1 = 1$

2. $$\begin{aligned}\int_0^{\frac{\pi}{2}} x\sin x dx &= [x(-\cos x)]_0^{\frac{\pi}{2}} - \int_0^{\frac{\pi}{2}} (-\cos x) dx \\ &= 0 - [-\sin x]_0^{\frac{\pi}{2}} \\ &= 1\end{aligned}$$

문제 5.13

$\int \ln x dx$ 을 적분하여라.

풀이 5.13

$$\begin{aligned}\int \ln x dx &= \int 1 \times \ln x dx \leftarrow f'(x) = 1,\ g(x) = \ln x \text{ 라 하면} \\ &= x\ln x - \int x \times \frac{1}{x} dx \\ &= x\ln x - x + C\end{aligned}$$

문제 5.14

$\int \sec^3 x dx$를 계산하여라.

풀이 5.14

$$
\begin{aligned}
I = \int \sec^3 x dx &= \int \sec^2 x \sec x dx \leftarrow f'(x) = \sec^2 x,\ g(x) = \sec x \text{ 라 하면} \\
&= \tan x \sec x - \int \sec x \tan^2 x dx \\
&= \tan x \sec x - \int \sec x (\sec^2 x - 1) dx \\
&= \tan x \sec x - I + \int \sec x dx \\
2I &= \sec x \tan x + \ln|\sec x + \tan x| + C_1 \\
\therefore \int \sec^3 x dx &= \frac{1}{2}(\sec x \tan x + \ln|\sec x + \tan x|) + C
\end{aligned}
$$

연습문제

1. 다음 적분을 구하여라.

   (a) $\int x\sqrt{10-x^2}dx$

   (b) $\int \frac{4x}{\sqrt{(x^2-1)^3}}dx$

   (c) $\int (x+1)\sqrt{x^2+2x+3}dx$

   (d) $\int x\sqrt{x+1}dx$

2. 다음 정적분을 계산하여라.

   (a) $\int_0^{\pi} \sin\left(3x-\frac{\pi}{3}\right)dx$

   (b) $\int_1^4 e^{\sqrt{x}}dx$

   (c) $\int_0^{\frac{\pi}{3}} \sin x \ln(\cos x)dx$

   (d) $\int_0^1 \sqrt[3]{1+7x}dx$

3. 다음 적분을 구하여라.

   (a) $\int x\sin x^2 dx$

   (b) $\int e^x\sqrt{1+e^x}dx$

   (c) $\int x\cos^2 x dx$

   (d) $\int x^2\cos x dx$

   (e) $\int \ln x dx$

   (f) $\int \frac{\ln x}{(x+1)^2}dx$

   (g) $\int x\ln x dx$

   (h) $\int e^x\cos x dx$

5.3.2 삼각함수의 적분법

삼각함수가 포함된 함수의 적분을 계산하는 데에는 다음과 같은 삼각함수에 대한 공식들이 이용된다.

1. $\sin^2 x + \cos^2 x = 1, \quad 2\sin x \cos x = \sin 2x$
2. $\sin^2 x = \dfrac{1-\cos 2x}{2}, \quad \cos^2 x = \dfrac{1+\cos 2x}{2}$
3. $\cos x \cos y = \dfrac{1}{2}\{\cos(x+y) + \cos(x-y)\}$
4. $\cos x \sin y = \dfrac{1}{2}\{\sin(x+y) - \sin(x-y)\}$
5. $\sin x \sin y = \dfrac{1}{2}\{\cos(x-y) - \cos(x+y)\}$
6. $\tan^2 x = \sec^2 x - 1, \quad \cot^2 x = \csc^2 x - 1$

삼각함수가 포함된 함수의 적분은 위의 공식과 치환적분법, 부분적분법 등을 이용하여 계산한다.

문제 5.15

$\int \sin^2 x \cos^3 x dx$을 계산하여라.

풀이 5.15

$$\begin{aligned}\int \sin^2 x \cos^3 x dx &= \int \sin^2 x(1-\sin^2 x)\cos x dx \\ &= \int (\sin^2 x - \sin^4 x)\cos x dx \leftarrow t = \sin x \text{ 라 하면 } dt = \cos x dx \text{ 이므로} \\ &= \int (t^2 - t^4)dt = \frac{1}{3}t^3 - \frac{1}{5}t^5 + C \\ &= \frac{1}{3}\sin^3 x - \frac{1}{5}\sin^5 x + C\end{aligned}$$

문제 5.16

다음의 부정적분을 구하여라.

1. $\int (\sin x + \cos x)^2 dx$ 2. $\int \cos x \cos 2x \cos 3x dx$

풀이 5.16

1.
$$\begin{aligned}\int (\sin x + \cos x)^2 dx &= \int (1 + 2\sin x \cos x) dx \\ &= \int (1 + \sin 2x) dx \\ &= x - \frac{1}{2}\cos 2x + C\end{aligned}$$

2.
$$\begin{aligned}\cos x \cos 2x \cos 3x &= \frac{1}{2}(\cos 3x + \cos x)\cos 3x \\ &= \frac{1}{2}\cos^2 3x + \frac{1}{2}\cos x \cos 3x \\ &= \frac{1}{2}\cos^2 3x + \frac{1}{4}\cos 4x + \frac{1}{4}\cos 2x \\ &= \frac{1}{4} + \frac{1}{4}\cos 6x + \frac{1}{4}\cos 4x + \frac{1}{4}\cos 2x\end{aligned}$$

$$\begin{aligned}\therefore \int \cos x \cos 2x \cos 3x dx &= \int \frac{1}{4} + \frac{1}{4}\cos 2x + \frac{1}{4}\cos 4x + \frac{1}{4}\cos 6x dx \\ &= \frac{1}{4}x + \frac{1}{8}\sin 2x + \frac{1}{16}\sin 4x + \frac{1}{24}\sin 6x + C\end{aligned}$$

삼각치환 피적분함수가 $\sqrt{a^2 - x^2}$, $\sqrt{a^2 + x^2}$, $\sqrt{x^2 - a^2}$ 인 형태를 포함하고 있을 때는 이들을 각각

$$x = a\sin\theta,\ x = a\tan\theta,\ x = a\sec\theta$$

으로 치환하여 적분할 수 있다.

정리 5.10

삼각함수로 치환하는 경우 ($a > 0$일 때)

1. $\sqrt{a^2-x^2}$ 꼴은 $x = a\sin\theta\left(-\frac{\pi}{2} \le \theta \le \frac{\pi}{2}\right)$로 치환

   $\sqrt{a^2-x^2} = \sqrt{a^2(1-\sin^2\theta)} = \sqrt{a^2\cos^2\theta} = a\cos\theta$, $dx = a\cos\theta d\theta$

2. $\sqrt{a^2+x^2}$ 꼴은 $x = a\tan\theta\left(-\frac{\pi}{2} < \theta < \frac{\pi}{2}\right)$로 치환

   $\sqrt{a^2+x^2} = \sqrt{a^2(1+\tan^2\theta)} = \sqrt{a^2\sec^2\theta} = a\sec\theta$, $dx = a\sec^2\theta d\theta$

3. $\sqrt{x^2-a^2}$ 꼴은 $x = a\sec\theta\left(0 \le \theta < \frac{\pi}{2}, \pi \le \theta < \frac{3}{2}\pi\right)$로 치환

   $\sqrt{x^2-a^2} = \sqrt{a^2(\sec^2\theta-1)} = \sqrt{a^2\tan^2\theta} = a\tan\theta$,

   $dx = a\sec\theta\tan\theta d\theta$

문제 5.17

$\int_0^1 \frac{1}{x^2+1}dx$를 계산하여라.

풀이 5.17

$x = \tan\theta d\theta, \left(-\frac{\pi}{2} < \theta < \frac{\pi}{2}\right)$라 하면 $x = 0$일 때, $\theta = 0, x = 1$일 때,
$\theta = \frac{\pi}{4}$, $dx = \sec^2\theta d\theta$이고 $x^2+1 = \tan^2\theta + 1 = \sec^2\theta$

$$\int_0^1 \frac{1}{x^2+1}dx = \int_0^{\frac{\pi}{4}} \frac{\sec^2\theta}{\sec^2\theta}d\theta = \frac{\pi}{4}$$

문제 5.18

$\displaystyle\int \frac{1}{x^2\sqrt{x^2-1}}dx$를 계산하여라.

풀이 5.18

$x=\sec\theta\left(0\le\theta<\frac{\pi}{2},\ \pi\le\theta<\frac{3}{2}\pi\right)$라 하면 $dx=\sec\theta\tan\theta d\theta$ 이고 $\sqrt{x^2-1}=\tan\theta$이다.

$$\int \frac{1}{x^2\sqrt{x^2-1}}dx=\int \frac{\sec\theta\tan\theta}{\sec^2\theta\tan\theta}d\theta=\int\cos\theta d\theta=\sin\theta+C$$

$x=\dfrac{1}{\cos\theta}$이므로 $\sin\theta=\sqrt{1-\dfrac{1}{x^2}}=\dfrac{\sqrt{x^2-1}}{x}$이다.

따라서 $\displaystyle\int\frac{1}{x^2\sqrt{x^2-1}}dx=\frac{\sqrt{x^2-1}}{x}+C$이다.

연습문제

1. 다음 부정적분을 구하여라.

(a) $\int(1+\sin x+\cos x)^2dx$

(b) $\int \cot^2 x dx$

(c) $\int(\tan x+\cot x)^2dx$

(d) $\int \sin\left(\frac{\pi}{4}x-\frac{\pi}{3}\right)dx$

(e) $\int \sin^2 x dx$

(f) $\int \sin 3x \cos 2x dx$

(g) $\int \cos 3x \cos x dx$

(h) $\int \sin\left(\frac{\pi}{6}-2x\right)dx$

(i) $\int \cos^2 x dx$

(j) $\int(\sin x+2\cos x)^2dx$

2. 다음 부정적분을 구하여라.

(a) $\int \cot x dx$

(b) $\int \cos^3 x \sin x dx$

(c) $\int \sin^3 x dx$

(d) $\int \cos^3 x dx$

(e) $\int \sin^4 x \cos^3 x dx$

(f) $\int \csc x dx$

3. 다음을 계산하라.

(a) $\int \frac{1}{\sqrt{1+x^2}}dx$

(b) $\int \frac{1}{x^2\sqrt{x^2-16}}dx$

(c) $\int_0^4 \frac{dx}{\sqrt{16+x^2}}$

(d) $\int_1^{\sqrt{2}} \frac{dx}{\sqrt{(4-x^2)^3}}$

5.3.3 유리함수의 적분법

$$\frac{a_n x^n + a_{n-1}x^{n-1} + \cdots + a_1 x + a_0}{b_m x^m + b_{m-1}x^{m-1} + \cdots + b_1 x + b_0}$$

와 같이 다항함수의 분수 형태인 함수를 유리함수라고 한다. 대수학의 한 정리로부터 모든 유리함수는

$$\frac{\alpha}{(ax+b)^m},\ \frac{\beta x+\gamma}{(ax^2+bx+c)^n}$$

이러한 형태인 부분분수의 합으로 나타낼 수 있는데, 이를 유리함수의 <u>**부분분수 분해**</u> **(partial fractions)**라고 한다. 주어진 유리함수를 부분분수로 분해하는 방법에는 항등식의 성질을 이용하는 계수비교법, 수치 대입법 등이 있다. 유리함수를 적분하려면 유리함수를 부분분수로 분해하여 각각 적분한다. 즉

$$\int \frac{h(x)}{f(x)g(x)}dx = \int \frac{1}{f(x)}dx + \int \frac{1}{g(x)}dx$$

꼴로 고쳐서 계산한다.

1. $\displaystyle\int \frac{\alpha}{(ax+b)^m}dx$ 형태의 적분은 $ax+b=u$로 치환함으로써 쉽게 적분된다.

2. $\displaystyle\int \frac{\alpha}{(ax^2+bx+c)^n}dx,\ b^2-4ac<0$ 형태의 적분은 ax^2+bx+c를 완전제곱식으로 변형하여 적분한다. 즉,
$$I_n = \int \frac{1}{(x^2+1)^n}dx = \frac{1}{2n-2}\frac{x}{(x^2+1)^{n-1}} + \frac{2n-3}{2n-2}I_{n-1}$$
형태의 적분계산이 된다.

3. $\displaystyle\int \frac{\alpha x+\beta}{(ax^2+bx+c)^n}dx,\ \alpha\neq 0,\ b^2-4ac<0$ 형태의 적분을 계산하자. 이것은 다음과 같이 쓸 수 있다.

$$\begin{aligned}\int \frac{\alpha x+\beta}{(ax^2+bx+c)^n}dx &= \int \frac{\frac{\alpha}{2a}(2ax+b)+\beta-\frac{\alpha b}{2a}}{(ax^2+bx+c)^n}dx \\ &= \frac{\alpha}{2a}\int \frac{2ax+b}{(ax^2+bx+c)^n}dx \\ &+\left(\beta-\frac{\alpha b}{2a}\right)\int \frac{1}{(ax^2+bx+c)^n}dx\end{aligned}$$

두 번째 적분은 2의 경우이고, 첫 번째 것은 $u=ax^2+bx+c$로 치환하여 적분한다.

문제 5.19

$\int \frac{x}{x^2-x-2}dx$를 계산하여라.

풀이 5.19

x에 관한 항등식 $\frac{x}{(x-2)(x+1)}=\frac{A}{x-2}+\frac{B}{x+1}$의 양변에$(x-2)(x+1)$을 곱하면 $x=A(x+1)+B(x-2)$을 얻는데, 계수를 비교하여 $A=\frac{2}{3}, B=\frac{1}{3}$을 얻는다.

$$\begin{aligned}\int \frac{x}{x^2-x-2}dx &= \frac{2}{3}\int \frac{1}{x-2}dx+\frac{1}{3}\int \frac{1}{x+1}dx \\ &= \frac{2}{3}\ln|x-2|+\frac{1}{3}\ln|x+1|+C \\ &= \ln\sqrt[3]{(x-2)^2(x+1)}+C\end{aligned}$$

문제 5.20

$\int \frac{2x^2}{(x^2+1)(x-1)^2}dx$를 계산하여라.

풀이 5.20

x에 관한 항등식 $\frac{2x^2}{(x^2+1)(x-1)^2} = \frac{Ax+B}{x^2+1} + \frac{C}{x-1} + \frac{D}{(x-1)^2}$을 만든다.

위 식의 양변에 $(x^2+1)(x-1)^2$을 곱하면 다음이 성립한다.

$$2x^2 = (Ax+B)(x-1)^2 + C(x-1)(x^2+1) + D(x^2+1)$$

다음과 같이 계수를 비교한다.

$$x^3\text{의 계수} \Rightarrow 0 = A + C \cdots\cdots ①$$

$$x^2\text{의 계수} \Rightarrow 2 = -2A + B - C + D \cdots\cdots ②$$

$$x\text{의 계수} \Rightarrow 0 = A - 2B + C \cdots\cdots ③$$

$$\text{상수항} \Rightarrow 0 = B - C + D \cdots\cdots ④$$

②−④하면 $A = -1$이므로 ①에서 $C = 1$이고, ③과 ④에서 $B = 0$, $D = 1$이다.

$$\begin{aligned}\int \frac{2x^2}{(x^2+1)(x-1)^2}dx &= -\int \frac{x}{x^2+1}dx + \int \frac{1}{x-1}dx + \int \frac{1}{(x-1)^2}dx \\ &= -\frac{1}{2}\ln(x^2+1) + \ln|x-1| - \frac{1}{x-1} + C \\ &= \frac{1}{2}\ln\frac{(x-1)^2}{x^2+1} - \frac{1}{x-1} + C\end{aligned}$$

연습문제

1. 다음 유리함수의 적분을 구하여라

(a) $\displaystyle\int \frac{1}{x(x-1)(x-2)}dx$ (b) $\displaystyle\int \frac{5}{x^2-1}dx$

(c) $\displaystyle\int \frac{x}{2x^2-5x+2}dx$ (d) $\displaystyle\int \frac{x^2+3x}{x+1}dx$

(e) $\displaystyle\int \frac{x^2+2x+3}{x^3+2x^2-x-2}dx$ (f) $\displaystyle\int \frac{x+3}{(x+1)^2(x+2)}dx$

2. 다음 적분들의 변수를 적절히 치환하여 유리함수로 만든 다음 적분하여라.

(a) $\displaystyle\int \frac{1}{\sqrt{x+1}-\sqrt{x}}dx$

(b) $\displaystyle\int \frac{x^3}{\sqrt[3]{x^2+1}}dx$

(c) $\displaystyle\int \frac{2x+2}{\sqrt{x^2-2x+2}}dx$

5.3.4 이상적분

적분 구간이 유계가 아니거나(예를 들어 $[a, \infty)$인 경우) 함수가 유계가 아닌 경우 함수의 적분하는 방법 중, 하나인 **이상적분(improper integral)**을 소개하고자 한다.

1. 무한 구간에서의 이상적분

구간 $[a, \infty)$에서 정의된 함수 f가 모든 구간 $[a, t]$ $(t > a)$ 에서 적분가능하다고 하자. 만약,

$$\lim_{t\to\infty}\int_a^t f(x)dx$$

가 존재하면 f가 구간 $[a, \infty)$에서 이상적분가능이라 하고, 이 극한을 구간 $[a, \infty)$에서의 f의 이상적분(혹은 특이적분)이라 하고 다음과 같이 표시한다.

$$\int_a^\infty f(x)dx := \lim_{t\to\infty}\int_a^t f(x)dx$$

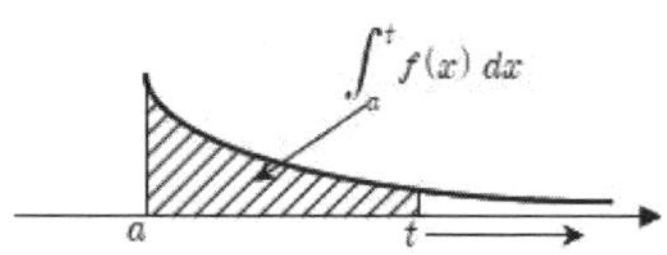

같은 방법으로 f의 무한 구간 $(-\infty, a]$에서의 이상적분을

$$\int_{-\infty}^a f(x)dx := \lim_{t\to-\infty}\int_t^a f(x)dx$$

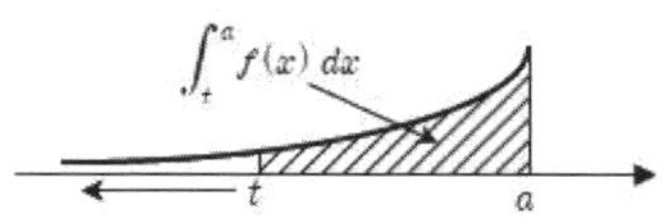

와 같이 정의하고 $(-\infty, \infty)$에서의 이상적분은 적당히 $a \in \mathbb{R}$를 고정하여

$$\int_{-\infty}^\infty f(x)dx := \int_{-\infty}^a f(x)dx + \int_a^\infty f(x)dx$$

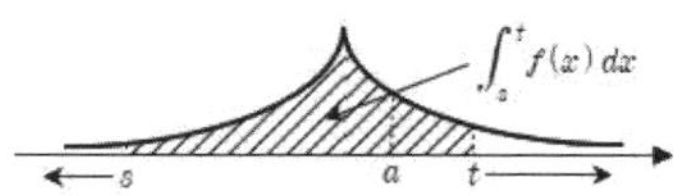

로 정의한다. 이것은 a의 선택 방법에 무관하다. 여기서 우변의 두 이상적분이 모두 존재하여야 좌변이 정의된다. 이상적분은 극한으로 정리하므로 '수렴한다' 또는 '발산한다'는 용어를 사용한다.

2. 유계 구간에서의 이상적분

구간 $[a, b)$에서 정의된 함수 f가 모든 구간 $[a, c]$ $(a < c < b)$에서 적분가능이라 하자.

이때

$$\lim_{t \to b-} \int_a^t f(x)dx$$

가 존재하면 f가 구간 $[a, b)$에서 이상적분가능이라 하고, 이 극한을 구간 $[a, b)$에서의 f의 이상적분이라 하며 다음과 같이 표시한다.

$$\int_a^b f(x)dx = \lim_{t \to b-} \int_a^t f(x)dx$$

같은 방법으로 f의 구간 $(a, b]$에서의 이상적분을

$$\int_a^b f(x)dx = \lim_{t \to a+} \int_t^b f(x)dx$$

와 같이 정의하고 구간 (a, b)에서의 이상적분은 적당히 $a < c < b$를 고정하여

$$\int_a^b f(x)dx = \int_a^c f(x)dx + \int_c^b f(x)dx$$

로 정의한나. 여기서 적분값은 c의 선택 방법에 무관하다. 여기서도 우변의 두 적분이 모두 수렴할 때만이 구간 (a, b)에서의 이상적분이 정의된다.

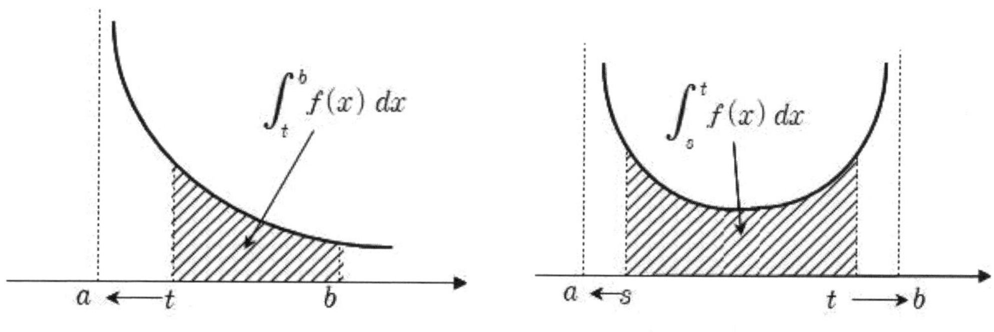

문제 5.21

1. $\displaystyle\int_1^{\infty} e^{-x}dx$

2. $\displaystyle\int_{-1}^{2} \frac{1}{{}^3\sqrt{x^2}}dx$

풀이 5.21

1. $$\int_1^{\infty} e^{-x}dx = \lim_{b\to\infty}\int_1^{b} e^{-x}dx = -\lim_{b\to\infty}\left[e^{-x}\right]_1^b = -\lim_{b\to\infty}\left(\frac{1}{e^b}-\frac{1}{e}\right) = \frac{1}{e}$$

2. $$\begin{aligned}\int_{-1}^{2}\frac{1}{\sqrt[3]{x^2}}dx &= \lim_{c\to 0^-}\int_{-1}^{c}\frac{1}{\sqrt[3]{x^2}}dx + \lim_{c\to 0^+}\int_{c}^{2}\frac{1}{\sqrt[3]{x^2}}dx \\ &= 3\lim_{c\to 0^-}\left[\sqrt[3]{x}\right]_{-1}^{c} + 3\lim_{c\to 0^+}\left[\sqrt[3]{x}\right]_{c}^{2} \\ &= 3+3\sqrt[3]{2}\end{aligned}$$

문제 5.22

$f(x)=\begin{cases}-x, & x\le 1\\ \dfrac{1}{\sqrt{x-1}}, & x>1\end{cases}$ 에 대하여 $\displaystyle\int_{-1}^{2} f(x)dx$가 수렴하면 값을 구하여라.

풀이 5.22

$$\begin{aligned}\int_{-1}^{2} f(x)dx &= \int_{-1}^{1}(-x)dx + \int_{1}^{2}\frac{1}{\sqrt{x-1}}dx \\ &= \left[-\frac{x^2}{2}\right]_{-1}^{1} + \lim_{t\to 1+}\int_{t}^{2}\frac{1}{\sqrt{x-1}}dx \\ &= 0+\lim_{t\to 1+}[2\sqrt{x-1}]_t^2 \\ &= \lim_{t\to 1+}(2-2\sqrt{t-1}) \\ &= 2.\end{aligned}$$

정리 5.11

비교 정리

두 함수 f, g가 $x \geq a$에서 연속이고, $f(x) \geq g(x) \geq 0$를 만족한다면

1. $\displaystyle\int_a^\infty f(x)dx$가 수렴하면 $\displaystyle\int_a^\infty g(x)dx$ 수렴한다.
2. $\displaystyle\int_a^\infty g(x)dx$가 발산하면 $\displaystyle\int_a^\infty f(x)dx$ 도 발산한다.

문제 5.23

$\displaystyle\int_0^\infty e^{-x^2}dx$가 수렴함을 보여라.

풀이 5.23

$\displaystyle\int_0^\infty e^{-x^2}dx = \int_0^1 e^{-x^2}dx + \int_1^\infty e^{-x^2}dx$이고, $x \geq 1$일 때, $-x^2 \leq -x \Rightarrow e^{-x^2} \leq e^{-x}$이므로

$\displaystyle\int_1^\infty e^{-x}dx = \lim_{t\to\infty}\int_1^t e^{-x}dx = \lim_{t\to\infty}\left(e^{-1} - e^{-t}\right) = e^{-1}$로 수렴한다.

따라서 비교 정리에 의해 $\displaystyle\int_1^\infty e^{-x}dx$가 수렴하므로 $\displaystyle\int_0^\infty e^{-x^2}dx$도 수렴한다.

연습문제

1. 다음을 구하여라.

(a) $\displaystyle\int_1^\infty \frac{1}{x^2}dx$

(b) $\displaystyle\int_{-\infty}^0 xe^x\,dx$

(c) $\displaystyle\int_0^1 \frac{1}{\sqrt{1-x}}dx$

(d) $\displaystyle\int_{-2}^1 \frac{1}{\sqrt[3]{x}}dx$

(e) $\displaystyle\int_{-\infty}^\infty \frac{1}{x^2-2x+2}dx$

(f) $\displaystyle\int_0^4 \frac{1}{\sqrt{x}}dx$

2. 비교정리를 이용하여 주어진 적분이 수렴하는지 혹은 발산하는지 조사하여라.

(a) $\displaystyle\int_1^\infty \frac{\cos^2 x}{1+x^2}dx$

(b) $\displaystyle\int_1^\infty \frac{1}{x+e^{2x}}dx$

3. $\displaystyle\int_1^\infty \frac{1}{x^p}dx$가 수렴하기 위한 실수 p의 범위를 구하여라.

제 6 장
연습문제 해답

제1장 식의 계산

1.1 다항식의 연산과 인수분해

1.1.1 다항식의 연산

1. (a) $4x^2y + 7y^3$ (b) $3x^3 - 6x^2y + 5xy^2 + 10y^3$

2. (a) $8x^2 - 2x - 15$

   (b) $2x^4 - 5x^3 - 2x^2 + 15x - 12$

   (c) $x^3 + 2x^2 - 5x - 6$

   (d) $x^2 - 4y^2 + 9z^2 - 16w^2 - 6xz + 16yw$

   (e) $a^2 + 4b^2 + c^2 - 4ab + 4bc - 2ca$

   (f) $8x^3 - 36x^2y + 54xy^2 - 27y^3$

   (g) $x^2 - 4xy + 4y^2 - 1$

   (h) $8a^3 - b^3$

3. $P = 2x^2 + x - 2$

4. $a = 4,\ b = -10$

5. $2x^2 + x + 7$

1.1.2 인수분해

1. (a) $(x+4)^2$ (b) $(x-2)^2$
   (c) $(3x+4y)^2$ (d) $(a+b+1)^2$
2. (a) $(x+2)(x^2+3)$ (b) $(x-1)(x-2)(x+3)$
   (c) $(x-1)(x+3)(x^2+2x-5)$ (d) $(x^2-2x-2)(x^2+2x-2)$
3. 2
4. 47

1.2 유리식과 무리식

1.2.1 유리식과 무리식

1. (a) $\dfrac{5x+15}{(x+1)(x+6)}$
   (b) $\dfrac{6x^2+3x+3}{(x-1)(x^2+x+1)}$
   (c) $\dfrac{5x^2-x-10}{(x-2)(x+2)^2}$
   (d) $\dfrac{(x+2)(x+3)}{4x^2}$
   (e) $\dfrac{x+4}{x-1}$
   (f) $\dfrac{-16x+24}{x(x+1)(x-3)(x-4)}$
2. (a) $5-2\sqrt{6}$ (b) $\sqrt{6}-\sqrt{2}+2$
3. (a) $\sqrt{7}+\sqrt{3}$ (b) $2+\sqrt{3}$
   (c) $\sqrt{3}-\sqrt{2}$ (d) $\dfrac{\sqrt{10}-\sqrt{6}}{2}$

1.3 방정식과

1.3.1 이차방정식

1. (a) $x = 5,\ -2$ (b) $x = \frac{1}{2},\ 1$
   (c) $x = \frac{3}{2},\ 2$ (d) $x = -\frac{1}{4},\ -3$

2. (a) $x = 2 \pm \sqrt{3}$ (b) $x = \frac{3 \pm \sqrt{17}}{2}$
   (c) $x = \frac{1}{3},\ -3$ (d) $x = \frac{3 \pm \sqrt{3}}{3}$

3. $a = 2,\ b = 0$

4. 두 근의 합: -2, 두 근의 곱: $\frac{3}{2}$

1.3.2 고차방정식과 연립방정식

1. (a) $x = -3,\ 1,\ 2$ (b) $x = -2,\ -1,\ \frac{3}{2}$
   (c) $x = -1,\ \frac{-1 \pm \sqrt{17}}{2}$ (d) $x = 1,\ 2,\ 3$

2. (a) $x = \pm 1,\ \pm\sqrt{2}$ (b) $x = -4,\ -2,\ -1,\ 2$
   (c) $x = -4 \pm \sqrt{6},\ -2,\ -6$ (d) $x = 1,\ -1,\ -2,\ 3$

3. (a) $x = 1,\ y = 2$
   (b) $x = 2,\ y = 1$
   (c) $x = 3,\ y = 4$ 또는 $x = 4,\ y = 3$
   (d) $x = 2,\ y = 1$ 또는 $x = 7,\ y = -4$

4. -6

5. 18

1.4 부등식

1.4.1 부등식

1. (a) $x > 3$

   (b) $x \geq 2$

   (c) $a > 1$일 때 $x > \dfrac{5}{a-1}$, $a < 1$일 때 $x < \dfrac{5}{a-1}$, $a = 1$일 때 해가 없다

   (d) $a > 1$일 때 $x \geq 1$, $a < 1$일 때 $x \leq 1$, $a = 1$일 때 모든 실수

2. (a) $x > 3$ (b) $3 \leq x \leq 5$

   (c) $x \leq -1$ (d) $3 < x \leq 5$

3. (a) $x > \dfrac{4}{3}$, $x < -2$ (b) $-\dfrac{1}{2} \leq x \leq \dfrac{11}{2}$

4. 7개

1.4.2 이차부등식

1. (a) $1 < x < 2$

   (b) $x > 3$, $x < -1$

   (c) $-2 < x < 0$, $6 < x < 8$

   (d) $a > 0$일 때 모든 실수, $a \leq 0$일 때 해가 없다.

2. $a = -5$, $b = 6$

3. $-4 \leq k \leq 4$

4. $2 < a \leq 3$

1.5 지수와 로그

1.5.1 거듭제곱근과 지수법칙

1. (a) 3 (b) $\dfrac{27}{8}$

(c) 5 (d) 1

(e) $a^{\frac{7}{12}}$ (f) 1

2. 4

3. $\frac{4}{9}$

1.5.2 로그와 로그의 성질

1. (a) 12

   (b) $\frac{2}{3}(1+\log_{12}4)$

   (c) $\frac{1}{2}$

   (d) $\frac{8}{9}\log_3 2$

   (e) $\frac{7}{6}$

   (f) 1

2. (a) $\frac{8a+2b}{6a+3b}$ (b) $\frac{3(2a^2+2a+1)}{4a(a+1)}$ (c) $\frac{1}{a+b}$

3. (a) $x=\sqrt{2}$ (b) $x=4$

4. 6

제2장 함수

2.1 함수

2.1.1 함수의 정의와 연산

1. 9

2. 일대일대응–(a), (c), 상수함수–(b), 항등함수–(c)

3. (a) $2x+2$ (b) $2x+5$
   (c) $2x^2+5$ (d) $2x^2+5$

4. $k=-3$

2.1.2 역함수

1. (a) $y=-2x+6$ (b) $y=2+\sqrt{x}$
   (c) $y=x^2-4(x\geq 0)$ (d) $y=\sqrt[3]{x-1}$

2. 4

3. $a=1$, $b=-3$

4. 3

5. $\frac{1}{2}$

2.2 일차함수와 이차함수

2.2.1 일차함수

1. (a) $y=-2x+4$ (b) $y=x+3$ (c) $y=3x-6$

2. (a) $a>-\frac{1}{3}$ (b) $-1<a<-\frac{1}{3}$

3. $a=1$, $b=1$ 또는 $a=-1$, $b=3$

4. $1 \le f(0) \le 8$, $-4 \le f(3) \le 4$

2.2.2 이차함수

1. (a) 꼭짓점: $(0,\ -3)$, 대칭축: $x=0$
   (b) 꼭짓점: $\left(\frac{3}{2},\ \frac{7}{4}\right)$, 대칭축: $x=\frac{3}{2}$
   (c) 꼭짓점: $(2,\ -1)$, 대칭축: $x=2$
   (d) 꼭짓점: $(2,\ -2)$, 대칭축: $x=2$

2. (a) 최댓값: 5, 최솟값: -4 (b) 최댓값: 4, 최솟값: -8

3. $m=-1$, $n=-2$

4. $0<k<3$

5. $0<a<3$

2.3 유리함수와 무리함수

2.3.1 유리함수

1. (a) 정의역: $\{x|x \neq -2$인 실수$\}$, 치역: $\{y|y \neq -1$인 실수$\}$,
   점근선: $x=-2$, $y=-1$
   (b) 정의역: $\{x|x \neq -\frac{1}{5}$인 실수$\}$, 치역: $\{y|y \neq \frac{3}{5}$인 실수$\}$,
   점근선: $x=-\frac{1}{5}$, $y=\frac{3}{5}$
   (c) 정의역: $\{x|x \neq -\frac{3}{2}$인 실수$\}$, 치역: $\{y|y \neq 2$인 실수$\}$,
   점근선: $x=-\frac{3}{2}$, $y=2$
   (d) 정의역: $\{x|x \neq \frac{1}{2}$인 실수$\}$, 치역: $\{y|y \neq 3$인 실수$\}$,
   점근선: $x=\frac{1}{2}$, $y=3$

2. $a = -1$, $b = -2$, $c = 1$

3. $a = -2$, $b = 1$

4. 최댓값: 4, 최솟값: $\frac{8}{3}$

5. 2

2.3.2 무리함수

1. (a) 정의역: $\{x|x \geq 3\}$, 치역: $\{y|y \geq 2\}$
   (b) 정의역: $\{x|x \geq 3\}$, 치역: $\{y|y \geq 2\}$
   (c) 정의역: $\{x|x \geq 2\}$, 치역: $\{y|y \leq 1\}$
   (d) 정의역: $\{x|x \leq 1\}$, 치역: $\{y|y \leq 2\}$

2. $a = -1$, $b = 1$, $c = -2$

3. $a = -4$, $b = 13$

4. $k = 1$, 최댓값: 3

2.4 지수함수와 로그함수

2.4.1 지수함수

1. (a) 정의역: 모든 실수, 치역: $\{y|y > 1\}$, 점근선: $y = 1$
   (b) 정의역: 모든 실수, 치역: $\{y|y > 0\}$, 점근선: $y = 0$
   (c) 정의역: 모든 실수, 치역: $\{y|y > 0\}$, 점근선: $y = 0$
   (d) 정의역: 모든 실수, 치역: $\{y|y < 5\}$, 점근선: $y = 5$

2. (a) 최솟값: $\frac{1}{16}$, 최댓값: 1
   (b) 최솟값: $\frac{3}{4}$, 최댓값: 7
   (c) 최솟값: $\frac{1}{64}$, 최댓값: $\frac{1}{4}$

3. 324

2.4.2 로그함수

1. (a) 정의역: $\{x|x>4\}$, 치역: 모든 실수, 점근선: $x=4$

   (b) 정의역: $\{x|x>1\}$, 치역: 모든 실수, 점근선: $x=1$

   (c) 정의역: $\{x|x<0\}$, 치역: 모든 실수, 점근선: $x=0$

   (d) 정의역: $\{x|x>-2\}$, 치역: 모든 실수, 점근선: $x=-2$

2. $y=2^x+2^{-x}$

3. 2

4. $-\frac{n+1}{2} \le f(x) \le -\frac{n}{2}$

5. $\frac{21}{8}$

2.5 삼각함수

2.5.1 일반각과 삼각비

1. (a) $\frac{\pi}{10}$

   (b) $\frac{5\pi}{12}$

   (c) $\frac{91\pi}{360}$

   (d) $105°$

   (e) $220°$

   (f) $315°$

2. (a) $8\pi+\pi$

   (b) $6\pi+\frac{3\pi}{2}$

   (c) $-2\pi+\frac{\pi}{3}$

   (d) $-4\pi+\frac{7\pi}{5}$

3. $\theta=\frac{2\pi}{3}$

2.5.2 삼각함수의 기본성질

1. 3
2. (a) $\left(\frac{1}{2}, -\frac{\sqrt{3}}{2}, -\frac{1}{\sqrt{3}}\right)$ (b) $\left(\frac{1}{\sqrt{2}}, \frac{1}{\sqrt{2}}, 1\right)$

   (c) $\left(-\frac{\sqrt{3}}{2}, -\frac{1}{2}, \sqrt{3}\right)$ (d) $\left(-\frac{1}{2}, -\frac{\sqrt{3}}{2}, \frac{1}{\sqrt{3}}\right)$
3. $-\frac{1}{2}$
4. -1
5. $\pm\frac{7}{5\sqrt{5}}$
6. $\frac{89}{2}$

2.5.3 삼각함수의 그래프

1. (a) 주기: 6π, 최솟값: $\frac{9}{2}$, 최댓값: $\frac{11}{2}$

   (b) 주기: $\frac{\pi}{2}$, 최댓값과 최솟값은 없다,

   (c) 주기: π, 최솟값: -1, 최댓값: 5

   (d) 주기: $\frac{4\pi}{3}$, 최솟값: $1-\sqrt{2}$, 최댓값: $1+\sqrt{2}$
2. $a = \frac{1}{2}$, $b = \pi$, $c = 3$
3. $a = \frac{5}{2}$
4. $\frac{1}{2}$

2.5.4 삼각함수의 여러 가지 공식

1. (a) $\frac{\sqrt{2}+\sqrt{6}}{4}$ (b) $\frac{\sqrt{6}-\sqrt{2}}{4}$

   (c) $-2-\sqrt{3}$ (d) $\frac{\sqrt{2}-\sqrt{6}}{4}$

2. (a) $\dfrac{1-2\sqrt{6}}{6}$ (b) $\dfrac{2\sqrt{2}-\sqrt{3}}{6}$

3. $\sin 2\theta = \dfrac{4\sqrt{2}}{9}$, $\cos 2\theta = -\dfrac{7}{9}$, $\tan 2\theta = -\dfrac{4\sqrt{2}}{7}$

4. $\sin 2\theta = \dfrac{7}{9}$, $\tan 2\theta = \dfrac{7\sqrt{2}}{8}$

5. (a) $\dfrac{\sqrt{3}-\sqrt{2}}{4}$ (b) $\dfrac{\sqrt{3}-\sqrt{2}}{4}$

(c) $\dfrac{\sqrt{3}}{8}$ (d) $\dfrac{\sqrt{3}}{8}$

6. 최솟값: $-\sqrt{13}$, 최댓값: $\sqrt{13}$

제3장 함수의 극한과 연속

3.1 함수의 극한

3.1.1 함수의 극한

1. (a) 0
   (b) 0
   (c) 2
   (d) 극한값은 없다
   (e) 극한값은 없다
   (f) 극한값은 없다
2. (a) $\lim_{x\to1} f(x) = 3$ (b) $\lim_{x\to1} f(x) = 1$
3. (a) 0
   (b) 0
   (c) 0
   (d) ∞
   (e) ∞ 또는 $-\infty$
   (f) $-\infty$

3.1.2 함수의 극한 계산

1. (a) 5
   (b) 9
   (c) 2
   (d) 존재하지 않음
   (e) $-\frac{1}{3}$

(f) $-\frac{6}{11}$

2. (a) 6 (b) 2
   (c) $-\frac{1}{4}$ (d) 0

3. (a) -1
   (b) $-\frac{1}{2}$
   (c) 2
   (d) $5a^2$
   (e) 0
   (f) $\frac{1}{2}$

3.1.3 삼각함수의 극한

1. (a) $\frac{3}{2}$
   (b) 1
   (c) $\frac{\pi}{180}$
   (d) $-\pi$
   (e) -1
   (f) 1

2. (a) $\frac{a^2}{4b}$ (b) $\frac{1}{2}$
   (c) 2 (d) $\frac{\pi^2}{2}$

3. (a) $\frac{1}{2}$ (b) $\frac{27}{4}$
   (c) $\frac{1}{2}$ (d) 2

3.1.4 지수함수와 로그함수의 극한

1. (a) 발산　(b) 발산

2. 0

3. $\log_2 \frac{4}{3}$

4. 0

3.1.5 자연 상수 e가 있는 극한

1. (a) $e^{\frac{15}{2}}$　(b) e　(c) e

2. (a) e　(b) $\frac{1}{\sqrt{e}}$

3. (a) $\frac{1}{a}$
   (b) $\ln a$
   (c) 2
   (d) 3
   (e) e^a
   (f) $\ln 2$
   (g) 2
   (h) $\frac{1}{2}$

3.2 함수의 연속

3.2.1 함수의 연속

1. (a) 불연속　(b) 불연속
   (c) 불연속　(d) 불연속

2. (a) 연속　(b) 연속

3. 불연속

4. 2

5. -1

3.2.2 연속함수의 성질

1. 6

2. (a) 최댓값: $\frac{13}{4}$, 최솟값: -3 (b) 최댓값: $\frac{3}{2}$, 최솟값: 1

제4장 미분

4.1 변화율과 도함수

4.1.1 변화율과 미분계수

1. (a) $f'(0) = 0$ (b) $f'(0) = -2$

   (c) $f'(0) = -3$ (d) $f'(0) = \dfrac{\sqrt{2}+4}{4}$

2. (a) $-f'(1)$ (b) $2f'(1)$

3. 8

4. (a) $a = 5,\ b = -4$ (b) $a = -1,\ b = 2$

4.1.2 도함수

1. (a) $f'(x) = 5$, $\mathbb{R}$, $\mathbb{R}$

   (b) $f'(x) = -4x$, $\mathbb{R}$, $\mathbb{R}$

   (c) $f'(x) = 3x^2 - 3$, $\mathbb{R}$, $\mathbb{R}$

   (d) $g'(x) = \dfrac{1}{\sqrt{1+2x}}$, $\{x|x \geq -\frac{1}{2}\}$, $\{x|x > \frac{1}{2}\}$

   (e) $G'(x) = \dfrac{4}{(x+1)^2}$, $\{x|x \neq -1$ 인 모든 실수$\}$, $\{x|x \neq -1$인 모든 실수$\}$.

   (f) $f'(x) = 4x^3$, $\mathbb{R}$, $\mathbb{R}$

2. $2a$

3. (a) 모든 실수에서 미분가능. (b) $f'(x) = \begin{cases} 2x & x \geq 0 \\ -2x & x < 0 \end{cases}$

4.1.3 도함수의 기본성질

1. (a) $f'(x) = 3x^2 + 1$

   (b) $f'(x) = -12x^3 - 6x^2 - 8x - 6$

(c) $f'(x) = 3x^2 + 12x + 11$

(d) $f'(x) = 9x^7 + 7x^6 + 6x^5 + 5x^4 + 4x^3 + 3x^2 + 2x$

2. $h'(3) = 6$

3. $a = -2,\ b = 4$

4. (a) $y' = \dfrac{-2(x^2+1)}{(x^2-1)^2}$ (b) $y' = \dfrac{-20x}{(x^2-1)^2}$

(c) $y' = \dfrac{4(t^2+1)}{(t^2-1)^2}$ (d) $y' = \dfrac{14}{t^3}$

4.2 여러 가지 미분법

4.2.1 여러 가지 미뷴법

1. (a) $y' = 20x(x^2-1)^9$

(b) $y' = (20ax + 10b)(ax^2 + bx + c)^9$

(c) $y' = 5x(x^2+1)^9(x^3-1)^4(7x^3+3x-4)$

(d) $y' = 3x(x^3+1)^4(x^2-1)^5(9x^3-5x+4)$

2. (a) $y' = \dfrac{-15x^2}{(x^3-1)^6}$ (b) $y' = \dfrac{-20x}{(x^2+1)^2}$

(c) $y' = \dfrac{-20x^3(x^{10}+1)(x^6+1)}{(x^4-1)^6}$ (d) $y' = \dfrac{2(5x^2-1)^2(50x^2+45x+2)}{(4x+3)^2}$

3. (a) $\dfrac{dy}{dx} = -\dfrac{x}{3y}$

(b) $\dfrac{dy}{dx} = -\dfrac{9x}{4y}$

(c) $\dfrac{dy}{dx} = \dfrac{4(x+1)}{y-1}$

(d) $\dfrac{dy}{dx} = -\dfrac{y}{x}$

(e) $\dfrac{dy}{dx} = \dfrac{-10(x-1)}{(x^2-2x+5)\sqrt{x^2-2x+5}}$

(f) $\dfrac{dy}{dx} = \dfrac{2x^2+10x+4}{\sqrt{x^2+6x+1}}$

4. $f'(1) = -\dfrac{16}{13}$

4.2.2 삼각함수의 미분법

1. (a) $\dfrac{dy}{dx} = -\left(\dfrac{1}{2\sqrt{x}} - 1\right)\sin(\sqrt{x} - x)$

   (b) $\dfrac{dy}{dx} = -2x\sec^2(2-x^2)$

   (c) $\dfrac{dy}{dx} = 2\cos 2x\cos 3x - 3\sin 2x\sin 3x$

   (d) $\dfrac{dy}{dx} = 2\sec^2 2x\cot 5x - 5\tan 2x\csc^2 5x$

   (e) $\dfrac{dy}{dx} = -\sin x\cos(\cos x)$

   (f) $\dfrac{dy}{dx} = \dfrac{\sin x - x\cos x}{\sin^2 x}$

2. (a) $\dfrac{dy}{dx} = -24x\csc^3(4x^2+1)\cot(4x^2+1)$

   (b) $\dfrac{dy}{dx} = 4\left(-\dfrac{1}{x^2} + 2x\right)\sin^3\left(\dfrac{1}{x} + x^2\right)\cos\left(\dfrac{1}{x} + x^2\right)$

   (c) $\dfrac{dy}{dx} = 2\cos x\sec^2(1+\sin x)\tan(1+\sin x)$

   (d) $\dfrac{dy}{dx} = \dfrac{4}{x^2}\cot^3\left(\dfrac{1}{x} + 1\right)\csc^2\left(\dfrac{1}{x} + 1\right)$

4.2.3 지수함수와 로그함수의 미분법

1. (a) $\dfrac{dy}{dx} = (2x+1)3^{x^2+x}\ln 3$ (b) $\dfrac{dy}{dx} = \dfrac{-2x}{5^{x^2+1}}\ln 5$

2. (a) $\dfrac{dy}{dx} = \dfrac{e^{\sqrt{x}}}{2\sqrt{x}}$

   (b) $\dfrac{dy}{dx} = \dfrac{-\sin(\ln x)}{x}$

   (c) $\dfrac{dy}{dx} = \dfrac{e^x(\cos x - 1)}{1+\sin x}$

(d) $\dfrac{dy}{dx} = \dfrac{x^{\frac{1}{x}}}{x^2}(1 - \ln x)$

(e) $\dfrac{dy}{dx} = \dfrac{2x^{\ln x}}{x} \ln x$

(f) $\dfrac{dy}{dx} = (\cos x)^{\sin x} \left(\cos x \ln \cos x - \dfrac{\sin^2 x}{\cos x} \right)$

(g) $\dfrac{dy}{dx} = -\dfrac{1}{\sqrt{x^2 + 1}}$

(h) $\dfrac{dy}{dx} = \cot x$

(i) $\dfrac{dy}{dx} = \dfrac{(x+1)\ln(x+1) - x + 1}{(x+1)\{\ln(x+1)\}^2}$

(j) $\dfrac{dy}{dx} = \dfrac{y}{2} \left(\dfrac{1}{x-1} + \dfrac{1}{x+3} - \dfrac{3}{x+1} \right)$

3. $f'(e) = 0$

4. $y = 4x - 3$

4.3 미분의 응용

4.3.1 평균값 정리

1. (a) $c = 1$ (b) $c = \dfrac{5}{4}$ (c) $c = 1$

2. 생략

3. 16

4.3.2 로피탈 법칙

1. (a) 2

   (b) $\dfrac{1}{2}$

   (c) e

   (d) $\pm\infty$

   (e) 0

(f) 3

(g) 1

(h) 0

(i) ∞

(j) 0

(k) 2

(l) 0

제5장 적분

5.1 부정적분

5.1.1 부정적분

1. (a) $2t^3 + 4t + C$ (b) $\{\frac{2}{5}x^2\sqrt{x} + \frac{2}{3}x\sqrt{x} + C\}$

   (c) $\frac{4}{3}x\sqrt{x} + 2x + 2\sqrt{x} + C$ (d) $\frac{x^4}{4} + \frac{2}{3}x^3 + \frac{x^2}{2} + C$

2. (a) $e^x + x^2 - \cos x + C$

   (b) $\ln |\frac{x+1}{x-1}| + C$

   (c) $x + 4\sqrt{x} + \ln |x| + C$

   (d) $x^3 + 3x - \frac{1}{2}x^2 - \ln |x| + C$

   (e) $3x - 4\ln |x+1| + C$

   (f) $x^2 - 2x + \ln |x+1| + C$

   (g) $\frac{1}{4}e^{4x+3} + C$

   (h) $\frac{2^{2x-1}}{2\ln 2} + C$

3. $f(x) = 3x^3 + 2x^2 + x - 1$

5.2 정적분

5.2.1 정적분

1. (a) $\frac{1}{4}$ (b) 28

   (c) $(b-a)k$ (d) $\frac{2}{3}$

2. (a) $4\int_0^1 x^2 dx$ (b) $\int_0^1 x\sqrt{x}dx$ (c) $\pi \int_0^1 (\pi x)^2 \sin \pi x dx$

3. $\int_{-1}^5 f(x)dx$

5.2.2 미적분학의 기본정리

1. (a) $g'(x) = \sqrt{1+2x}$ (b) $g'(y) = y^2 \sin y$

   (c) $F'(x) = -\cos x^2$ (d) $F'(x) = -\dfrac{\sin^4\left(\dfrac{1}{x}\right)}{x^2}$

2. (a) $\dfrac{364}{3}$ (b) 138

   (c) $\dfrac{5}{9}$ (d) 1

3. $\dfrac{\pi}{2}$

4. $f(x) = 6\sin x\cos^2 x - 3\sin^3 x + e^x$

5.3 적분 기법

5.3.1 치환적분법과 부분적분법

1. (a) $-\dfrac{1}{3}(10-x^2)\sqrt{10-x^2} + C$

   (b) $\dfrac{-4}{\sqrt{x^2-1}} + C$

   (c) $\dfrac{1}{3}(x^2+2x+3)\sqrt{x^2+2x+3} + C$

   (d) $\dfrac{2}{5}(x+1)^2\sqrt{x+1} - \dfrac{2}{3}(x+1)\sqrt{x+1} + C$

2. (a) $\dfrac{1}{3}$ (b) $2e^2$

   (c) $\dfrac{1}{2}\ln 2 - \dfrac{1}{2}$ (d) $\dfrac{45}{28}$

3. (a) $-\dfrac{1}{2}\cos x^2 + C$

   (b) $\dfrac{2}{3}(1+e^x)\sqrt{1+e^x} + C$

   (c) $\dfrac{x^2}{4} + \dfrac{x}{4}\sin 2x + \dfrac{1}{8}\cos 2x + C$

   (d) $x^2\sin x + 2x\cos x - 2\sin x + C$

(e) $x\ln x - x + C$

(f) $-\dfrac{\ln x}{x+1} + \ln|x| - \ln|x+1| + C$

(g) $\dfrac{x^2}{2}\ln x - \dfrac{1}{4}x^2 + C$

(h) $\dfrac{e^x}{2}(\sin x - \cos x) + C$

5.3.2 삼각함수 적분법

1. (a) $2x - \dfrac{1}{2}\cos 2x + C$

   (b) $-\cot x - x + C$

   (c) $\tan x - \cot x + C$

   (d) $-\dfrac{4}{\pi}\cos\left(\dfrac{\pi}{4}x - \dfrac{\pi}{3}\right) + C$

   (e) $\dfrac{x}{2} - \dfrac{1}{4}\sin 2x + C$

   (f) $-\dfrac{1}{10}\cos 5x - \dfrac{1}{5}\cos x + C$

   (g) $\dfrac{1}{8}\sin 4x + \dfrac{1}{4}\sin 2x + C$

   (h) $\dfrac{1}{2}\cos\left(\dfrac{\pi}{6} - 2x\right) + C$

   (i) $\dfrac{x}{2} + \dfrac{1}{4}\sin 2x + C$

   (j) $\dfrac{x}{2} - \dfrac{1}{4}\sin 2x - \cos 2x + 2x + \sin 2x + C$

2. (a) $\ln|\sin x| + C$

   (b) $-\dfrac{1}{4}\cos^4 x + C$

   (c) $\dfrac{1}{3}\cos^3 x - \cos x + C$

   (d) $\sin x - \dfrac{1}{3}\sin^3 x + C$

   (e) $\dfrac{\sin^5 x}{5} - \dfrac{\sin^7 x}{7} + C$

   (f) $\ln|\csc x - \cot x| + c$

3. (a) $\ln\left|x+\sqrt{x^2+1}\right|+C$ (b) $\dfrac{\sqrt{x^2-16}}{16x}+C$

(c) $\ln(\sqrt{2}+1)$ (d) $\dfrac{1}{4}-\dfrac{1}{4\sqrt{3}}$

5.3.3 유리함수의 적분법

1. (a) $\dfrac{1}{2}\ln|x|-\ln|x-1|+\dfrac{1}{2}\ln|x-2|+C$
   (b) $\dfrac{5}{2}\ln|x-1|-\dfrac{5}{2}\ln|x+1|+C$
   (c) $-\dfrac{1}{6}\ln|2x-1|+\dfrac{2}{3}\ln|x-2|+C$
   (d) $\dfrac{x^2}{2}+2x-2\ln|x+1|+C$
   (e) $\ln|x-1|-\ln|x+1|+\ln|x+2|+C$
   (f) $\ln|x+2|-\ln|x+1|-\dfrac{2}{x+1}+C$

2. (a) $\dfrac{2}{3}(x+1)^{\frac{3}{2}}+\dfrac{2}{3}x^{\frac{3}{2}}+C$
   (b) $\dfrac{3}{10}\left(x^2+1\right)^{\frac{5}{3}}-\dfrac{3}{4}\left(x^2+1\right)^{\frac{2}{3}}+C$
   (c) $2\sqrt{x^2-2x+2}+4\ln|\sqrt{(x-1)^2+1}+(x-1)|+C$

5.3.4 이상적분

1. (a) 1
   (b) -1
   (c) 1
   (d) $-\dfrac{3}{2}\sqrt[3]{4}+\dfrac{3}{2}$
   (e) π
   (f) 4

2. (a) **수렴** (b) **수렴**

3. $p>1$

기초대학수학

지은이 박영용 · 박윤정 · 이헌수
펴낸이 조경희
펴낸곳 경문사
펴낸날 2024년 8월 16일 1판 1쇄
등 록 1979년 11월 9일 제1979-000023호
주 소 04057, 서울특별시 마포구 와우산로 174
전 화 (02)332-2004 팩스 (02)336-5193
이메일 kyungmoon@kyungmoon.com

값 20,000원

ISBN 979-11-6073-731-8